JÜRGEN FEDER

DER **SEGEN** DER **EINWANDERER**

NEOPHYTEN –
unsere pflanzlichen Neubürger
und was sie für unser
Ökosystem bedeuten

JÜRGEN FEDER

DER SEGEN DER EINWANDERER

NEOPHYTEN –
unsere pflanzlichen Neubürger
und was sie für unser
Ökosystem bedeuten

INHALT

VORWORT 9

AUFBRECHEN ZU NEUEN UFERN 13

Wichtig für unsere Flora 13
Ehrgeizige Wanderpflanzen 14
Neophyten und ihre Pflanzenfamilien 16
Ein spannendes Thema 16

UNSERE WICHTIGSTEN NEOPHYTEN 19

ARTENVIELFALT UND WANDEL DER FLORA 21

Wer zuerst kommt, mahlt zuerst ... 21

DIE NEOPHYTEN DER NORD- UND OSTSEE 22

Ein Standort für Hartgesottene 22
Krähenfußblättrige Laugenblume 23
Meerfenchel 25
Tataren-Lattich 26
Kartoffel-Rose 27
Frühlings-Braunwurz 29
Salz-Schlickgras 30
Gewöhnlicher Stechginster 32

DIE NEOPHYTEN DER GROSSEN FLÜSSE UND STRÖME 34

Vielfalt entlang der Wasserstraßen 34
Eschen-Ahorn 36
Einjähriger Beifuß 37
Neubelgische Aster 39
Schwarzfrüchtiger Zweizahn 40
Schwarzer Senf 41
Nordamerikanische Seide 42
Gelappte Stachelgurke 43
Drüsiges Springkraut 44
Großes Büchsenkraut 46
Bastard-Staudenknöterich 47
Schlitzblättriger Sonnenhut 49
Lauch-Hellerkraut 51
Elbe-Spitzklette 52

DIE NEOPHYTEN AN UND IN BÄCHEN 54

Bei Neophyten wenig beliebt 54
Kanadische Wasserpest 55

Riesen-Bärenklau 56
Gefleckte Gauklerblume 59

DIE NEOPHYTEN AN SEEN UND TEICHEN 60

Ihr Element ist das Wasser 60
Nadelkraut 61
Zierliche Wasserlinse 62
Norwegisches Fingerkraut 64

DIE NEOPHYTEN AN KANÄLEN 66

Beliebte Neophyten-Treffpunkte 66
Indischer Kalmus 68

DIE NEOPHYTEN AN UND AUF GRÄBEN 70

Verbindungsglieder zu Gewässern 70
Großer Algenfarn 71
Orientalisches Zackenschötchen 72

DIE NEOPHYTEN VON SCHERRASEN UND WIESEN 74

Ein Biotop für Pflanzenschönheiten 74
Elfen-Krokus 76
Gewöhnliches Hundszahngras 77
Indische Scheinerdbeere 78
Schachbrettblume 79
Österreichisches Leinkraut 80
Sibirischer Blaustern 81
Bubiköpfchen 82
Wilde Tulpe 82
Faden-Ehrenpreis 84

DIE NEOPHYTEN IN GEBÜSCHEN UND HECKEN 86

Standorte, die Schutz bieten 86
Schöne Winde 87
Australischer Gänsefuß 88
Kubaspinat, Tellerkraut 89
Übersehenes Knabenkraut 90
Bastard-Hasenglöckchen 91
Einjähriges Silberblatt 92
Nickender Milchstern 93
Pennsylvanisches Glaskraut 94
Armenische Brombeere 95

DIE NEOPHYTEN IN GÄRTEN 96

Beste Lebensbedingungen 96
Zottiges Franzosenkraut 97
Gehörnter Sauerklee 98
Asiatische Kermesbeere 100

DIE NEOPHYTEN AN MAUERN 102

Sie haben spartanische Ansprüche 102
Mauer-Zimbelkraut 103
Gelber Lerchensporn 104

DIE NEOPHYTEN AN STRASSEN 106

Wanderwege für Neubürger 106

Beifußblättrige Ambrosie 108

Verschiedensamige Melde 109

Graukresse 110

Pfeilkresse 111

Schmalblättriger Doppelsame 112

Schlitzblättrige Karde 114

Klebriger Alant 116

Nordischer Ampfer 117

Spanischer Mauerpfeffer 118

Schmalblättriges Greiskraut 120

Loesels Rauke 121

DIE NEOPHYTEN AUF UND AN BAHNANLAGEN 122

Wohlfühlbiotop vieler Neophyten 122

Besen-Radmelde 124

Chinesischer Schmetterlingsstrauch 125

Sparrige Flockenblume 126

Kurzfrüchtiges Weidenröschen 127

Purpur-Storchschnabel 128

Sparriges Gummikraut 129

Gewöhnlicher Grausenf 130

Virginische Kresse 131

Gelbe Bartsie 132

Sand-Wegerich 132

Ungarisches Salzkraut 134

Traubiges Klettergras 135

DIE NEOPHYTEN IN PFLASTERBELÄGEN 136

Lichtblicke in versiegelten Flächen 136

Gefleckte Zwergwolfsmilch 137

Zweiknotiger Krähenfuß 138

Kleines Liebesgras 139

Behaartes Bruchkraut 140

Zarte Binse 141

Strahlenlose Kamille 142

Vierblättriges Nagelkraut 143

Europäischer Portulak, Gemüse-Portulak 145

DIE NEOPHYTEN AN BÖSCHUNGEN 146

Raus in die freie Landschaft 146

Gewöhnliche Nachtviole 147

Vielblättrige Lupine 148
Drüsiger Gilbweiderich 149

DIE NEOPHYTEN AUF BRACHFLÄCHEN 150

Ein Stück Natur in der Stadt 150
Chinesischer Götterbaum 152
Drüsige Kugeldistel 153
Einjähriges Berufkraut 154
Topinambur 155
Argentinischer Nachtschatten 156
Kanadische Goldrute 157
Schweden-Klee 158

DIE NEOPHYTEN IN SANDGRUBEN 160

Das reinste »Artenfeuerwerk« 160
Kanadisches Berufkraut 161
Rotkelchige Nachtkerze 162
Schmalflügeliger Wanzensame 164

DIE NEOPHYTEN IN UND AN ÄCKERN 166

Im Schlepptau des Menschen 166
Samtpappel 167
Zurückgebogener Amarant 169
Grannen-Ruchgras 169
Weißer Stechapfel 170
Einjähriges Bingelkraut 172

DIE NEOPHYTEN AN KALIHALDEN 174

Salzhalden als Lebensraum 174
Schwarzwurzelblättriges Gipskraut 175
Mähnen-Gerste 176

DIE NEOPHYTEN IM UND AM WALD 178

Ein weites Feld für Neophyten 178
Seltsamer Lauch 180
Kupfer-Felsenbirne 181
Silberblättrige Taubnessel 183
Gewöhnliche Zaunrebe 184
Späte Traubenkirsche 186
Gewöhnliche Douglasie 187
Amerikanische Roteiche 188
Robinie 189

DIE NEOPHYTEN DER ALPEN 192

Nur nicht zu hoch hinaus 192
Große Telekie 193

NACHWORT 197

SERVICE 198

Sachregister 198
Register deutscher Pflanzennamen 200
Register lateinischer Pflanzennamen 202
Literatur 204
Bildnachweis 206
Wichtiger Hinweis 206
Der Autor 207
Dank 207
Impressum 208

VORWORT

Unkraut nennt man Pflanzen, deren Vorzüge nur noch nicht erkannt worden sind.

Ralph Waldo Emerson (1803 – 1882)

Es geschah am 21. August 2017 – ich war gerade fünfzehn Minuten vom Nachtlager in meinem Auto vor der sehr steilen Wittenbergener Elbtalkante im Hamburger Westen erwacht. An diesem sonnendurchfluteten Morgen galt es eigentlich eine Botanik-Exkursion für etwa 20 Personen vorzubereiten. Da passierten zwei für mich bis heute unvergessliche Dinge: Erstens just in diesem Moment fuhr haushoch das 2004 in Dienst gestellte und 345 m lange Kreuzfahrtschiff Queen Mary 2 an »meinem« Elbestrand auf der Fahrt zum Hamburger Hafen an mir vorbei. Und zweitens köpfte ein ganz offensichtlich fehlgeleiteter Mit-Morgenausschwärmer vor mir einige der gerade prächtig blühenden Wald-Engelwurze! Diese Pflanzenart kannte er offensichtlich überhaupt nicht. Ich sprach ihn an – besser, ich stellte ihn zur Rede!

Besagter »Pflanzenfreund« war auf der Jagd nach neophythischen Riesen-Bärenklauen, die er »erlegen« wollte, um die einheimische Pflanzenwelt vor der Ausbreitung der fremden Einwanderer zu schützen. Ganz abgesehen davon, dass Riesen-Bärenklaue küstennah überhaupt nicht häufig sind und dass es sich bei dieser Art hier um eine alte Heil-, Salat- und Würzpflanze handelt. So ein Unsinn mal wieder gerade von denjenigen, die sich nie wirklich informieren und nur irgendwelchen Sündenböcken hinterherhechten, selbst in hiesiger Pflanzenwelt.

Foto Seite 8: Aus Nordchina stammt der bis zu 30 Meter hohe Chinesische Götterbaum.

Was gibt es da zum Teil für ein Bohei um diese Neubürger in unserer heimischen Pflanzenwelt. Aggressiv wären sie, nur kompromisslos, konkurrenzlos, unangepasst, giftig – und ja, auf sogenannte Schwarze Listen gehörten nicht wenige! Unerklärlich negativ besetzt, mit schlechtem Ruf, ja sogar richtig gefährlich ... Leute, bleibt doch mal gelassen! Alles hat seine Gründe! Der Mensch verändert(e) unsere natürlichen Lebensgrundlagen gerade in den letzten 50 Jahren noch einmal massiv. Diese Übersiedler nutzen das nur aus. Sie spielen ihre Stärken aus, setzen nach, kämpfen sich durch, fassen neu Fuß, samen sich aus, ja – sie breiten sich auch mal aus.

Wir werden die Neophyten vielleicht noch brauchen, ganz bestimmt sogar, wenn das so weitergeht mit dem Raubbau der Natur auf dieser Welt. Diese niedlichen bis robusten, bescheidenen bis auch mal brachialen, besonders angepassten bis opportunistischen, oft nützlichen bis nur scheinbar unbrauchbaren, mal kleckernden und dann auch mal klotzenden neuen Gewächse. New Wave unter Pflanzen ist schon lange das Motto, uns fiel das nur kaum auf. »Plants for Future« sind das, ich bin mir da ganz sicher. Sie werden in Siedlungen und draußen unsere Wunden heilen, sie werden verbinden, vernähen, zudecken, gleichzeitig duften, ernähren, Schönheiten zulassen. Zumindest Sauerstoff produzieren, $C0_2$ und Staub binden tun sie schon mal alle. Was alles sehr wichtig wäre ...

Dieses Buch ist also eine dicke Lanze für unsere plantaren Migranten, ein Plädoyer für Artenvielfalt, wieder eins für Biodiversität, ein Aufklärer gegen manch kruden Gedanken, auch gegen unnützen Aktivismus, ja, eine Antwort auf den Klimawandel. Gut für jeden von uns und für mich, der bereits sogar von – zugegeben auch mal andere Pflanzen verdrängenden – Neophyten regelrecht gerettet wurde. Am 6. August 2016 war das zum Beispiel, auf dem Gelände des riesigen Güterbahnhofs in Leipzig – total abgeschieden, nichts zu essen und nichts zu trinken. Ich wollte dafür partout nicht extra das Gelände verlassen! Was bot sich da an? Von der großen Palette an Neophyten futterte ich dort über Stunden prallste und süßeste Beeren der Armenischen Brombeere vom Kaukasus, zum Nachtisch gab es Sprossen von Verschiedensamiger Melde aus Westasien. Obst und Gemüse sozusagen auf dem Gleisparkett. Nur das, was man kennt, kann man nutzen, gegebenenfalls dann auch schützen. Kann man ein- und zuordnen, gegebenenfalls auch gerne mal vorwarnen.

Auch ich finde, in Naturschutzgebieten muss man beispielsweise Japanische Staudenknöteriche nicht wuchern lassen (sofern noch zurückdrängbar). Erwähnter Riesen-Bärenklau muss in wenigen Jahren nicht am Klarwasserbach seelenruhig von zehn auf Hunderte Exemplare anwachsen. Inzwischen kommen wir aber bei ihm oder beim Drüsigen Spring-

Die Graukresse ist eine hervorragende Bienenfutterpflanze, die Straßen und Böschungen säumt.

kraut vom Himalaya um Lichtjahre zu spät. Ob sich dieses doch hübsche, ja essbare Zeug nun mit Brennnesseln, Hopfen, Rohr-Glanzgras, Schilf, Weiden oder Zaun-Winde duelliert, da bin ich eher entspannt. Kinder von Traurigkeit sind sie nämlich alle nicht.

Neue Pflanzenarten wanderten ab 1492 mit der Entdeckung Amerikas und der danach einsetzenden Erkundung des Seewegs nach Ostasien ein. Unsere wichtigsten Neubürger, alle fest eingebürgert. Kräuter flach wie ein Handteller oder bis zu vier Meter hoch. Gerade schwer angesagt, groß in Mode, teils in aller Munde. Viele davon durchaus absichtlich zuerst in Haus- und Botanische Gärten geholt, weil zunächst schön anzusehen, dann aber achtlos als Abfälle in die Pampa entsorgt. Auf jeden Fall ein Grund, eingefahrene Standpunkte und alte Gewohnheiten zu überdenken, neue Naturentwicklungen und veränderte Artenzusammensetzungen zu akzeptieren. Und ja, auch wieder mal (m)eine Liebeserklärung: Dieses Buch soll Neugierde wecken, Vorurteile abbauen und Wissen erhöhen. Dahin möchte ich Sie bringen, zu neuen Ufern, zu den 111 bedeutendsten Neophyten in Deutschland – von den Küsten im Norden bis zum Alpenrand im Süden.

Ihr Jürgen Feder

AUFBRECHEN ZU NEUEN UFERN

NEOPHYTEN – PFLANZEN FÜR DIE ZUKUNFT

Wichtig für unsere Flora

Neophyten (von griech. *neos* = neu, *phyton* = Pflanze) sind neben unseren ganz ursprünglichen Pflanzenarten, den sogenannten Indigenen (Idiochorophyten), und den schon vor 1492 etablierten Alteinwanderern, den Archaeophyten (von griech. *archaeo* = alt, *phyton* = Pflanze) die dritte wichtige Säule der heimischen Flora. Archaeophyten und Neophyten werden in ihrer Gesamtheit als Agriophyten bezeichnet (von griech. *agrios* = einwandernd).

Zu den Indigenen zählen etwa Besenheide, Breit-Wegerich, Edelweiß, Sand-Birke, Stiel-Eiche und Sumpfdotterblume. Sie waren von Anfang an da. Archaeophyten sind z. B. zahlreiche Ackerbegleitarten (Segetalpflanzen), die vor allem aus Süd- und Südosteuropa zu uns gelangten. Hier können Acker-Hahnenfuß, Acker-Senf, Kornrade, Persischer Ehrenpreis und Saat-Mohn genannt werden.

Bei den erst ab 1492 mit der Entdeckung Amerikas übergesiedelten Gewächsen unterscheiden wir die eingebürgerten Neophyten, die sich inzwischen ohne direktes Zutun von Menschen halten, und die unbeständigen Spezies. Letzere sind die sogenannten Ephemerophyten (von griech. *ephemeros* = vorübergehend).

Das Thema dieses Buches sind nur die in Deutschland knapp 400 fest etablierten Wanderpflanzen ab 1492. Zum weiten Heer der unbeständigen Pflanzen zählen weitere fast 2000 Arten – etwa Bauerntabak, Dill,

Foto Seite 12: Die punktierte Nachtkerze bietet vielen Insekten reichlich Nahrung.

Koriander, Orientalischer Mohn, Persischer Klee, Sigesbeckie, Staudenblume, Wehrloser Stechapfel oder Weißer Senf.

Ehrgeizige Wanderpflanzen

Deutschland liegt bekanntermaßen in der Mitte Europas. Es grenzen hier mit neun Ländern so viele an wie an sonst kein anderes in Europa. Von Osten nach Westen, von Norden nach Süden, als Transitland sind hier die Türen und Tore sperrangelweit offen. Es kann nach Lust und Laune emigriert und immigriert werden, und das schon immer.

Selbst ausgerüstet mit Küsten, Mittel- und Hochgebirgen, bietet Deutschland im Herzen dieses Kontinents für ehrgeizige Wanderpflanzen zwischen dem sommerkühlen Schleswig im Norden und dem sommerheißen Markgräfler Land im Südwesten eine ganze Palette an Möglichkeiten der Migration, der Anpassung und der Einnischung.

Eine Daseinsberechtigung hat jede neue Pflanze, wir müssen jetzt nur das Beste daraus machen. Mit diesem Thema nun ganz konkret befasst, fielen mir auf einer Autofahrt Ende Juli 2020 von München in die Alpen und von da über Augsburg, Mannheim, Mainz, Gießen, Münster wieder zurück nach Bremen etwa 140 »Neophyten« ein, alle im Laufe dieser sieben Tage auf einem großen Zettel auf dem Beifahrersitz notiert.

Zu Hause stellte sich dann heraus, dass einige der Pflanzen doch schon vor 1500 zumindest in Teilbereichen Deutschlands fest neubeheimatet sind, wie etwa Mittleres Barbarakraut, Gewöhnliche Osterluzei, Gewöhnliches und Mauer-Glaskraut, sodass ich etwa 20 wieder streichen musste. Blieben jetzt noch 120 für die anvisierten 111 Neophyten in diesem Werk übrig. So war es nur ein kurzes Abwägen, bis ich zum endgültigen Ergebnis kam.

Maßstab bei meiner Auswahl ist eine repräsentative Abfolge quer durchs Land – von den Küsten bis zu den Alpen, von ganz im Westen bis ganz in den Osten – sowie eine möglichst große Bandbreite an Biotoptypen – genauer gesagt 20 an der Zahl. Und zusätzlich möglichst auch immer nur ein einziger Vertreter einer jeden Gattung.

Alle auch Laien bekannten, alle dominanten, alle wichtigen pflanzlichen Marschierer sind berücksichtigt – bereits ab dem 16. Jahrhundert ihrer ersten Verwilderung bis sogar noch in die 1990er-Jahre des letzten Jahrhunderts. Also bis hin zu allerletzten Turbozündern wie Klebriger Alant, Meerfenchel und Verschiedensamige Melde. Erwartungsgemäß finden sich von Äckern, Bahnrändern, Flussufern, Straßen und Wäldern mehr Neophyten als etwa von Sandgruben, Teichen oder Wiesen. Sortiert ist das Ganze für alle Lebensräume, in alphabetischer Reihenfolge der wissenschaftlichen Namen.

Unberücksichtigt bleiben demzufolge zahllose Neophyten, oft beschränkt auf auch nur einzelne Bundesländer. Maßstab für die Auswahl ist nur ein beständiges Neophytendasein in ganz Deutschland.

2021 am mittleren Main oberhalb von Würzburg vor Echtem Mädesüß und Blut-Weiderich

So haben sich vor allem in den letzten 60 Jahren viele einheimische, auch sehr seltene Pflanzenarten urplötzlich in Deutschland aufgemacht und ihr Areal erheblich erweitert – aus bis heute teilweise ungeklärten Gründen. Hier nur kurz zu erwähnen sind von Bahnanlagen Dolden-Spurre, Dreifinger-Steinbrech, Mäuseschwanz-Federschwingel und Großer Bocksbart. Von Straßenrändern Gewöhnlicher Salzschwaden, Krähenfußblättriger Wegerich, Platthalm-Binse, Salz-Schuppenmiere und Schutt-Kresse. Von Kanälen Erz-Engelwurz oder Sumpf-Gänsedistel, von Pflasterflächen Gelbweißes Ruhrkraut. Von Gärten und Rasen Behaartes Schaumkraut, Bleiche Vogelmiere und Knäuel-Hornkraut.
Alle letztendlich berücksichtigten Neulinge gelangten per Bahn, Lkw oder Schiff zu uns. Sie kamen mit Boden oder zunächst durch Ansaaten, überbrückten weite Entfernungen aus fernen Ländern als mitgebrachte und hier kultivierte Zierpflanzen, klebten als Samen und somit als extrem blinde Passagiere im Vogelgefieder oder an unseren Schuhsohlen.
Manche Neophyten wurden zunächst feldmäßig angebaut und büxten dann aus, wieder andere waren zunächst unerkannte Mitbringsel mit Forstgehölzen oder fremden Getreidesorten. Viele davon sind auffallend licht-, nährstoff-, trockenheits- und wärmeliebend, besitzen zahlreiche Samen und/oder unduldsames Wurzelwerk (*Rhizome*). Demzufolge letztendlich unschlagbare Kombinationen, aktuell gravierend genau unsere veränderten Lebensbedingungen widerspiegelnd.

Neophyten und ihre Pflanzenfamilien

Insgesamt verteilen sich unsere wichtigsten 111 Neophyten auf 46 Familien. Gleich 20 davon sind Korbblütler (*Asteraceae*), 12 zählen zu den Kreuzblütlern *(Brassicaceae)*, je sechs Neophyten sind Süßgräser (*Poaceae*), Rosengewächse (*Rosaceae*) und Rachenblütler (*Scrophulariaceae*). Dem gegenüber schicken 29 Familien nur je einen Kandidaten ins Rennen. Es gibt auch besonders »neophytenaffine« Gattungen wie die Melden (*Atriplex*, gleich acht Neophyten) oder die Beifüße (*Artemisia*), nach Möglicheit werden am Ende auch noch einige weitere kurz erwähnt.
So kommen an breiten Flüssen Einjähriger und Zweijähriger Beifuß fast immer als Duo vor. In Ostdeutschland an Autobahnen und Bundesstraßen gar nicht selten findet sich gleich ein Neophyten-Quartett aus Glanz-, Langblättriger, Tataren- und Verschiedensamiger Melde. Andererseits blieben doch sonst so artenreiche Familien wie die Sauergräser (*Cyperaceae*), Geißblatt- (*Caprifoliaceae*) und Hahnenfußgewächse (*Ranunculaceae*) ganz ohne Quereinsteiger.

Die Täuschende Nachtkerze zählt zu den erfolgreichsten Neophyten überhaupt.

Ein spannendes Thema

Kurzum, ein extrem spannendes Thema zum wichtigen Zukunftskomplex »Artendiversität und Florenwandel«. Mich nun seit über 35 Jahren faszinierend, ständig weiter in rasanter Veränderung und sicher auch noch in Zukunft manche Überraschung bereithaltend. Für viele Gleichgesinnte schon immer das florale Salz in der Suppe – ob zu Lande, zu Wasser oder aus der Luft.

Um es hier noch einmal ganz explizit zu erwähnen: Als Folge unseres jetzt schon Jahrtausende währenden Raubbaus an der Natur, im Rahmen des menschengemachten Klimawandels, der ewigen Überdüngung – gerade auch aus der Luft – sind Hunderte unserer ureigenen Spezies voll im Vorwärtsdrang. Sie drängeln, überwuchern und geilen sich dadurch regelrecht auf!
Wer es noch immer nicht bemerkt hat: Wir verahornen nämlich gerade (so viel Jungwuchs gibt es alljährlich)! Wir verbrennnesseln und vergierschen schon länger, jetzt verbarbarakrauten, verefeuen, verfingerhirsen, vergundermannen, verkompasslattichen, verfederschwingeln, verlabkrauten, vermäusegersten, verrainkohlen und vertaubtrespen wir, was das Zeug hält. Jetzt habe ich einfach mal ein paar ganz neue deutsche Begrifflichkeiten kreiert. Wie können sie alle nur? Nein, diese Einwanderer werden regelrecht dazu angestiftet, müssen sogar, sie sollen es sogar. Wir waren und sind nur deren ewige Handlanger und Steigbügelhalter.

Foto Seite 17: Hier zu sehen ist das einheimische Bitterkraut (gelb) und der Natternkopf (blau).

NEOPHYTEN – UNSERE PFLANZLICHEN NEUBÜRGER

ARTENVIELFALT UND WANDEL DER FLORA

AN NORD- UND OSTSEE, IN BÄCHEN, AN MAUERN, AUF BÖSCHUNGEN, IM WALD ...

Wer zuerst kommt, mahlt zuerst ...

Nicht selten gibt es kleine Duelle, wer wann und wo erstmals eine neue Pflanzenart entdeckt. Das wird dann mehr oder weniger groß publiziert, denn so was muss doch die Welt erfahren!« ... Ja, richtig, aus der großen weiten Welt kommen sie zu uns, die Neubürger, sogar per Schiff. Braucht doch nur jemand noch Samen an den Schuhen aus Venedig oder Brotkrümel aus Rio im Gepäck zu haben. Blinde Passagiere auf der Suche nach neuen Ländern, nach anderen Kontinenten. Ihre Dokumentation war früher regelrecht Volkssport, schenkt man den vielen Publikationen – besonders zwischen 1860 und 1930 – über allerlei unbekannte Pflanzenneulinge in Gruben, Güterbahnhöfen, Häfen und Müllkippen Glauben. Und es gab dies alles auch schon bedeutend eher – wenn nicht sogar gleich nach den letzten Eiszeiten.

Dynamik in der Natur war immer schon Trumpf, wer zuerst kam, der mahlte zuerst. Das ewige Gesetz des Zuerstdagewesenen, der Schnellere gewinnt, ständiger Wettbewerb um allerbeste Plätze. Denken Sie nur an unsere über 300 Arten der Äcker (Segeralflora). Von denen viele erst nach der Zurückdrängung der weiten Waldlandschaften zu uns kamen, mit dem Ackerbau aus dem Südosten Europas. Stets populär und geliebt-attraktiv, selbst Acker-Rittersporn, Klatsch-Mohn und Kornblume, oder viel weniger präsent Acker-Haftdolde, Frauenspiegel, Gelber Günsel und Venuskamm: Alle auch nicht ursprünglich, sondern Alteinwanderer.

Foto Seite 20: Der Hasen-Klee ist an seinen weidenkätzchenartigen Blüten leicht zu erkennen.

AN NORD- UND OSTSEEKÜSTE

VON DER KRÄHENFUSSBLÄTTRIGEN LAUGENBLUME BIS ZUM GEWÖHNLICHEN STECHGINSTER

Ein Standort für ganz Hartgesottene

Als ein Eldorado für Neophyten gelten die deutschen Küsten nun nicht gerade, sieht man mal von den Großstädten und von den Häfen ab. Einfach viel zu widrig sind hier die Verhältnisse. Zwar bringen die vielen Schiffe sowie die Flüsse aus dem Hinterland ständig scheinbar geeignete Kandidaten heran, aber letztendlich bleiben viele potenzielle Stellen dann doch unbesetzt. Begrenzend an der Nordsee sind Ebbe und Flut sowie der ständige Wind. An der Ostsee widrig ist die steile Kliffküste. Und ewiger Wellenschlag prägt beide deutschen Küstenabschnitte.

Die extrem hohe Dynamik von Sedimentation (Ablagerung), aber auch von Abrasion (Abtragung) tun ihr Übriges. Hier kommen also nur Eindringlinge zum Zuge mit sehr großem Vorwärtsdrang, mit Nehmerqualitäten, mit hohem pflanzlichem Selbstbewusstsein, mit hohem Samenpotenzial oder griffigem Durchwurzelungsvermögen – am besten mit allem zugleich. Pantoffelhelden oder Weicheier sind hier absolut fehl am Platz, obwohl die pure Pflanzengröße augenscheinlich gar keine Rolle spielt. Dafür sind die Standorte hier sehr variabel: Von kalkreich bis nährstoffreich über extrem trocken bis lange überschwemmt reicht die Angebotspalette. Salzangereichert ist es dabei fast überall – je näher zum Wasser, desto saliner wird es. Aus dem vorhandenen Artenspektrum habe ich sieben Neophyten ausgesucht, von denen Sie die besonders »stalkende« Kartoffel-Rose ganz bestimmt schon kennen.

Massenhafter Meerfenchel – 2020 am »Kringel« auf der Insel Helgoland beobachtet.

Krähenfußblättrige Laugenblume

Tatsächlich unverwüstlich ist der allererste Protagonist, die Krähenfußblättrige Laugenblume (*Cotula coronopifolia*), nun nicht gerade. Das liegt an der für diese Art aus Südafrika kaum furchteinflößenden Wuchshöhe von nur 5 bis 25 Zentimetern. Attribute wie aggressiv, insistierend, offensiv, unduldsam oder ungehobelt passen hier ganz und gar nicht. Wirklich sperrig ist bei ihr nur der Name, in Ostfriesland auch liebevoll, kurz und passend »Knoopje« genannt. Da kommen wir der Sache auch schon ganz nahe – wie leuchtend gelbe Knöpfe strecken sich die bis zu 12 Millimeter breiten, nur aus Röhrenblüten aufgebauten Blütenköpfe von Juli bis September zur Seite und nach oben.

Sperrig wie der Name ist vielleicht seine kompakte Verzweigung, oft in Rotbraun. Die fleischigen Blätter der einjährigen Pflanze sind länger als breit, lanzettlich, fiederteilig bis tiefer gezähnt. Und das Dollste: Wo die Krähenfußblättrige Laugenblume wächst, wächst sie dann auch sehr gerne – das zeigt sie oft durch große Anteilnahme auf schlickigen, selten sandigen, nassen, gerne auch kurzzeitig meeresüberspülten, vollsonnigen Stellen. Und vorher wuchs da wahrscheinlich gar nichts, ein echter Lückenbüßer, ein pflanzlicher Opportunist also – und dagegen kann nun wirklich niemand etwas haben. Das alles aber nicht überall an unseren Küsten, aber doch ziemlich regelmäßig.

Cotula coronopifolia
Familie der Korbblütler (*Asteraceae*)

Hotspots von Knoopie liegen z. B. ganz namenspassend an der Unterems, insbesondere in der Stadt Emden, am Dollart, auf Langeoog, südlich von Bremerhaven an der Unterweser, an der Außenelbe, an der Förde von Eckernförde (Schlei), auf Fehmarn (2020 viel im Westen beim Örtchen Orth) und zwischen Wismar sowie Rügen.
Im nahen Binnenland ist dieser Halophyt dagegen gar nicht mehr zu finden, etwa auf alten Gänseangern – hier liegen aber die Anfänge ihrer Geschichte. Und über die wissen wir besonders gut Bescheid: Erstmals in Europa sah 1749 der Arzt Paul Heinrich Möhring aus Jever die Krähenfußblättrige Laugenblume im tiefen Ostfriesland – bei Riepe Ochtelbur und Bangstede im heutigen Landkreis Aurich.
Dienstbeflissen schickte er einige Exemplare davon zum berühmten Pflanzenpapst Professor Carl von Linné nach Uppsala in Schweden. Der sie dann auch 1763 in seinen »Species plantarum« auf Seite 1257 aufführte: »Cotula coronopifolia habitat in Aethiopia, nunc in Frisia inundatis prope Emden. Moehringio teste«, ist da zu lesen (wobei »Aethiopia« hier unklar bleibt – zitiert aus van Dieken 1970: 260). So ging es damals bei uns los, wobei die Krähenfußblättrige Laugenblume heute als weltweiter Neophyt gilt, ein Kosmopolit also.

Die leuchtend gelben Blüten der Laugenblume sind von Juli bis September zu bewundern.

So sah ich dieses goldige Schätzchen auch schon mehrfach auf Mallorca (Albufera). Und Linné ließ sich auch nicht lumpen. Zum Dank verewigte er Möhring in einer häufigen, allerdings unscheinbaren Hecken- und Waldflanze, der Dreinervigen Nabelmiere (*Moehringia trinervia*).
Van Dieken übermittelt leider nicht auch noch ob sich Möhring nun ob seiner Verewigung darüber gefreut hat oder, ob er sich eher etwas gegrämt hat, dass Linné keine attraktivere Pflanzenart für ihn fand. Fest steht, weitere, allerdings unbeständige Vorkommen in ganz Ostfriesland, z. B. auf Borkum und Norderney, heute auf Langeoog, säumten dann den Laugenblumen-Weg, der einzigen Art von weltweit 55 dieser so erhabenen Gattung. So richtig was können kann die Krähenfußblättrige Laugenblume nicht, bis auf gut aussehen und in der Vegetationsperiode im Brackwasser den Boden festzuhalten. Da sie sich auch auf kurzwüchsigen, pfützenreichen Rinderweiden hält, könnte die eine oder andere Pflanze aber doch auch mal in einem übereifrigen Kuhmaul landen.

Meerfenchel

Crithmum maritimum
Familie der Doldenblütler *(Apiaceae)*

Eine der wirklich jüngsten Errungenschaften an pflanzlichen Neulingen in Deutschland ist der adrette, bis 40 Zentimeter hohe, ausdauernde Meerfenchel (*Crithmum maritimum*), den es erst seit dem Jahr 2001 auf Helgoland gibt. Ein Draufgänger ist er schon, kennt man ihn von Mallorca an der Biscaya oder in der Bretagne, wo sonst fast gar nichts wachsen will. Als Küstenfelsenart ist er auf Helgoland nicht nur am Drücker, sondern wie ich in diese Insel regelrecht verliebt.
Fast schon häufig hat er neben dem Hafengelände und kleinflächig unweit der Jugendherberge sich den sogenannten Kringel hinter den berühmt-bunten Hummerbuden ausgesucht. Da hockt dieses spritzige Exponat in igelartigen Halbkugeln massenhaft voll in der Gischt bei Sturmfluten. Entweder in schnöden Betonritzen der Küstenbefestigung des Unterlandes wie auch in steinernen Rinnen hinauf zu Beginn des Roten Felsens.
Ein Augenschmaus zunächst in Blaugrün (Blätter, Sprosse) und dann von August bis Anfang Oktober zur Blütezeit in Grün- bis Gelblich. Und wie dieses Gewächs, übrigens weltweit einzige Art seiner Gattung, zerrieben duftet ... Eine perfekte Mischung aus Minze und Zitrone, zudem extrem vitaminreich (der Name hält also, was er verspricht!). Ich kaue da ständig drauf rum, wenn ich denn per Schiff von Bremerhaven aus eine gut dreistündige Anfahrt in Kauf genommen habe. Dann kann ich es immer kaum erwarten, mir diesen stark verzweigten, so widerstandsfähigen Gesellen mit den vielen Dolden anzutun.
Schon in der Antike wurde der Meerfenchel als Heil- und Nahrungspflanze geschätzt. Als hochwertiger Vitamin-C-Lieferant nahm man ihn gern auf langen Seereisen mit, unter anderem, um dem gefürchteten Skorbut (Mundfäule), einer Vitaminmangelkrankheit, vorzubeugen. Besonders wenn sie roh gegessen werden, wirken die dicken, fleischigen, ähnlich wie Kapern schmeckenden Blätter des Meerfenchels appetitanregend und stärken

Der essbare, besonders vitaminreiche Meerfechel besiedelt die Küstenfelsen Helgolands.

den Organismus. Als Aufguss von frischen Pflanzen hat der Meerfenchel eine blutreinigende und harntreibende Wirkung. In der Küche verwendet man ihn in Salaten, als Vorspeise oder als Beilage.

Viele der durchaus nicht wenigen Tagestouristen auf Helgoland, auch die Inselbahn dreht hier direkt ihre Kurven, beachten diesen Neophyten überhaupt nicht. Sie starren derweil aufs Meer mit seinen riesigen Beton-Tetrapoden zum Inselschutz oder eben hinauf auf den Felsen mit Inselkirche, Leuchtturm und rot-weißen Funkmasten. Dafür habe ich nun gar keinen Blick – mir geht es nur um diesen früher in England auch gesammelten und in die Industriegebiete als Gesundnahrung verfrachteten, frostempfindlichen Wander- und Sonderling.

Anzunehmen ist, dass er mithilfte von Vögeln auf Helgoland anlandete, im Gefieder oder an den Füßen. Dreizehenmöwe, Tordalk, Trottellumme und der ganz oben am Felsrand brütende, fast handzahme Basstölpel sind auf Deutschands einziger Felsen- und Hochseeinsel nämlich ebenso ganz neue Brutvogelarten (sogenannte Neozoen). Wahrscheinlich zieht der Meerfenchel auch noch weiter nach Nordosten. Er tauchte kurzzeitig schon auf einer Nordfriesischen Insel auf.

Dort, wo fast nichts gedeiht, wächst der Tataren-Lattich mit seinen herrlichen blauen Blüten.

Tataren-Lattich

Lactuca tatarica
Familie der Korbblütler
(Asteraceae)

Von unseren sieben Lattich-Arten ist der tadellose Tataren-Lattich (*Lactuca tatarica*) einziger Neuling und dies seit 1900. Im Sport so erfolgreich, würde man »Rookie« zu ihm sagen. Ein »Rookie« (aus dem Englischen = Neuling, Anfänger) ist ein im Profisport noch unerfahrener, aber talentierter Sportler. Denn wie seine Namen schon verraten, ist der Tataren-Lattich auf Wanderschaft aus Richtung Osten und deshalb aktuell in Deutschland auf Usedom, auf Rügen und längs der vorpommerschen Küste am häufigsten. Er hat es in sich, weniger aufgrund seines bis einen Meter hohen Wuchses, vielmehr von Juli bis Anfang September wegen zahlreicher blauer bis violettblauer Zungenblüten. Für mich wie eine Wegwarte im Pudersand, im lebhaften Kontrast an den Stränden von

Nord- und Ostsee. Auch er hat kaum einen Angstgegner, denn er wächst da, wo fast nichts gedeiht, sieht man mal vom Strandroggen ab.
Halt geben dieser intensiven, aber keineswegs drängeligen Pflanze kräftige Rhizome, die im lockeren, angesalzenen Boden bis einen Meter tief hinabsteigen können. Etwas Tritt scheint dieser Pflanze nicht zu schaden, wie ich an der Unterweser bei Dedesdorf, auf Harriersand und auf der Strohauser Plate sowie mehrfach auf Usedom sehen konnte.
Da wächst diese kahle Pflanze mit ihren blaugrünen, unten grob eingeschnittenen Blättern auch mal zwischen Liegedecken unbedachter Badegäste. Ganz nach Lattichart, übrigens zählt auch unser Kopfsalat zu dieser Gattung, enthalten die Blätter dieses Neophyten stark flüssigen Milchsaft. Er ist scharf, aber wie die gesamte Pflanze nutzbar als Würzpflanze. Aber vorsichtig, nicht zu viel davon verwenden: bitter, bitterer, am bittersten, Tataren-Lattich muss man sagen ...
Auch an der Flensburger Förde, an der Schlei, in Hamburg und in großem Bestand an der Bremer Getreidemühle ist der Tataren-Lattich zu finden. Und in Bremen habe ich mal nachgefragt, hier wurde jahrzehntelang Getreide aus Russland umgeschlagen, passt also, ein Boatpeople also. Selbst im Binnenland gibt es erste Nachweise, etwa an der Spree und im Süden von Sachsen-Anhalt. Hier wohl eher unbeständig, bestimmt auf Bahngelände oder in Abbaugebieten, bei Importen aus dem Osten weiß man das nämlich nie so genau.

Aus den Hagebutten der Kartoffel-Rose lässt sich Marmelade, Tee und sogar Wein herstellen.

Kartoffel-Rose

Rosa rugosa
Familie der Rosengewächse *(Rosaceae)*

Waren die ersten drei Novizen eher von schleichender Natur, hat die Kartoffel-Rose (*Rosa rugosa*) aus Nordostasien (China, Japan, Kamtschatka) bei uns eingeschlagen wie eine Bombe – zumindest auf sandigen Böden in Norddeutschland. Steigbügelhalter bei diesem pflanzlichen Rabauken war allerdings ganz klar der Mensch, zuerst 1854. Und ich muss sagen, die Kartoffel-Rose ist ein echter Plagegeist! Bei einer Skala von eins bis zehn liege ich als Neophyten-Fan insgesamt bei neun. Dieser Wucherer kommt sympathiemäßig bei mir dagegen nur auf eins – nun gut, sagen wir auf eins Komma fünf wegen auffallender Blüten in Hellviolett bis manchmal Weiß von Juni bis August, betörenden Duftes sowie der abgeflachten, großen Hagebutten ... Unbedrängt kann diese Rose bis 3 Meter hoch werden und alles unter sich begraben, was nicht niet- und

nagelfest ist. Eine echte Strafe als Gärtner bei manueller »Unkrautbeseitigung«. Dabei machen ihr Schnitt, Tritt und Wind überhaupt nichts aus. Ja gerade deshalb hat man sie auf den Nordseeinseln und an sandigen Küsten im großen Stil ausgepflanzt. Einerseits zur Sandbefestigung und andererseits zur Besucherlenkung – tatsächlich geht hier so schnell auch niemand durch. Dafür sorgen schon die massenhaft unterschiedlich langen, groben bis feinen Stacheln, die bis hoch zu den Blütenköpfen reichen. Und eh man sich's versah, hatte man ganze Hektar von dem Zeug, weshalb man sich heute sogar eines Baggers bedienen muss, um sie dann doch wieder loszuwerden.
Auch auf Militärplätzen (Bunker-Rose), an Autobahnen und Bahnböschungen, an Schulen und Spielplätzen, in Gärten und Parks hat man diesen salztoleranten, unnachgiebigen Neophyten gepflanzt. Durch Bodenverschleppungen und durch Vögel wird sich *Rosa rugosa* weiter ausbreiten, auch in Häfen, auf Brachen und Industrieflächen. Wegen der krausen Blätter auch Runzel-Rose (= *rugosa),* zudem Dänische Rose, Dünen-Rose und Sylt-Rose genannt.
Ich schnabuliere an heißen Tagen tatsächlich von den sehr fleischigen Hagebutten, die sind richtig saftig. Aus den dicken Früchten, sie sind breiter als hoch, lassen sich Marmelade, Tee und sogar Wein herstellen. W.-D. Storl (2012: 268), der es wissen muss, nennt diesen aktuellen Störenfried auch als Mittel bei Durchfall, Gebärmutter- und Harnleiden. Kartoffel-Rose wird sie wohl wegen der ähnlichen Blattfarbe und einem gewissen Duft nach Kartoffeln genannt. Noch im Herbst ein Lichtblick, verfärben sich doch ihre Blätter dann ausdauernd quittegelb.

Frühlings-Braunwurz

Scrophularia vernalis
Familie der Rachenblütler *(Scrophulariaceae)*

Auf der ostfriesischen Nordseeinsel Juist begegnen sich die Kartoffel-Rose und diese Frühlings-Braunwurz (*Scrophularia vernalis*) tatsächlich schon seit Langem, zählt Letztere doch in der Westhälfte der Insel etwa 3000 Pflanzen.
Nirgends im Nordwesten Deutschlands gibt es von dieser ehemaligen Bienenfutterpflanze, ein Export aus ostalpin-submediterranem Florenkreis, so viel davon. Es übertrifft übrige Vorkommen in Niedersachsen an Burgen und Schlössern um ein Vielfaches, etwa im Osnabrücker Raum. Schon früh im Jahr kann man auf dieser frost- und schneearmen Insel diese bis 70 Zentimeter hohe Schönheit anhand flaumig-weicher, linden- bis nesselartiger Grundblätter erkennen. Rasch steigt sie dann mit drüsig behaarten, vierkantigen Stängeln auf und zeigt von Ende April bis Juli ihre hellgelben Blüten. Mit grünlichem Einschlag, in lockeren bis dichten, lang gestielten Trugdolden. Markant dabei sind weit aus krugartigen

Foto Seite 28: Die hellvioletten Blüten der Kartoffel-Rose strömen einen betörenden Duft aus.

Blütenröhren herausragende Staubgefäße. Beste Freunde des zwei- bis mehrjährigen Neophyten auf Juist sind absterbende Schwarzholunder-Büsche, die dieser Pflanze ganz offensichtlich Nährstoffe, Tritt- und einen gewissen Windschutz bieten.
Als wärmeliebende Pflanze ist die Frühlings-Braunwurz hier unerwartet gar nicht fehl am Platz, denn die nach Süden exponierten Dünen aus (anlehmigen) Sanden nehmen rasch die ersten Sonnenstrahlen auf.
Als Zierpflanze kommt die Frühlings-Braunwurz auch weiter im Süden vor und nimmt vorlieb mit Mauerfüßen, Mauerkronen und auch breiten Mauerfugen. Hier gerne mit Behaartem Schaumkraut, Gundermann, Knoblauchsrauke, Stinkendem Storchschnabel und diversen Farnarten.
Ein Kulturrelikt also, bereits im 17. Jahrhundert als Zierpflanze eingeführt, einziger Neophyt von sechs Braunwurz-Arten im Land. Insgesamt eine konkurrenzschwache Art, die so gar nichts mit so manchen Schwerenötern, Stänkern und Superspreadern gemein hat.

Die Frühlings-Braunwurz wird bis zu 70 Zentimeter hoch. Sie blüht von Ende April bis Juli.

Salz-Schlickgras

Spartina anglica
Familie der Süßgräser
(Poaceae)

Bei diesem 30 bis 130 Zentimeter hohen, in dichten, homogenen Bulten und Flächen wachsenden Salz-Schlickgras (*Spartina anglica*) scheiden sich die Geister. Und genau hier wird es nachfolgend ziemlich kompliziert. Da müssen Sie jetzt durch, ich muss das erzählen, das ist jetzt echt etwas Hardcore-Botanik!
In Süd- und Mittelengland existiert eine Bruderpflanze, das Meer-Schlickgras (*Spartina maritima*). Das wuchs dort an den schlickigen Küsten im Tidebereich immer so freudig vor sich hin. Dies war den Leuten aber nicht genug, und sie führten aus Nordamerika zudem das Wechselblütige Schlickgras ein (*Spartina alterniflora*). Obwohl sich diese Süßgräser nicht kannten, vereinigten sich beide um 1870 zu einem sterilen Bastard (andere Quellen sprechen von 1890), einer Hybride also, dem Townsend-Schlickgras (*Spartina* x *townsendii*). Hybriden markieren wir immer mit einem »x« zwischen den lateinischen Namen). Aber damit nicht genug, fand danach eine sogenannte Autoploidisierung statt, eine

Art Mutation, die Chromosomenzahlen verdoppelten sich. So entstand nun dieses Englische Schlickgras, jetzt sogar fruchtbar (fertil), also eine rezente Evolution innerhalb kürzester Zeit. Ein schönes Beispiel für Artenbildung sozusagen im Rekordtempo.
1927 führte man dieses als Schlickfänger und Bodenerhöher dann nach Deutschland ein – zuerst auf Juist, in der Leybucht und vor Neßmersiel (alle Niedersachsen). Ob es sich jetzt um das Englische Schlickgras oder noch um den Bastard gehandelt hat, ist dabei völlig unklar.
Jedenfalls ist das Englische Schlickgras, das von einem Autor 1970 als »Jetzt auf allen Inseln und an der Küste verbreitet und zunehmend« bezeichnet, von einem anderen Autor dagegen 1990(!) als »selten im Wattenmeer, spontan und gepflanzt als Wattenbefestiger«, zum erfolgreichsten Neophyten längs der Nordseeküste aufgestiegen. Es kommt zwischen Esbjerg und dem Dollart in breitem Streifen vor und fehlt heute wohl auf keinem 100-Meter-Küstenabschnitt.
Längs der Ostsee jedoch fehlend, ist es ein ausgesprochener Halophyt, nämlich ganz an vorderster Front vor allen anderen Gewächsen im nährstoffreichen Schlick- und Sandwatt. Eben ein bei Neophyten typischer Borderliner, dorthin exportiert gelangen nur noch Quellerarten. Den Bastard hat im Grunde in Deutschland noch nie jemand gesehen, es gibt davon keine Fotos und keine Arealkarte. Ein wirkliches Phänomen.
Inzwischen zählt dieses von Juli bis September blühende, derbe Gras zu den europa- und weltweit invasiven Arten, was ich so bisher nicht bestätigen kann. Meist wächst es völlig allein, da wo vorher gar nichts wuchs, oder es mischt mit, wenn auch kräftig. Denn auch alle Übrigen in seiner Umgebung haben ihr Wurzelwerk gelernt!
An der Nordsee wird das Schlickgras, das hier als Neuling eine eigene, fast monophytische Pflanzengesellschaft bildet (Schlickgras-Wiese), vor allem gefördert durch nun schon lange ausbleibende Beweidung, wodurch die Vegetation der unteren bis mittleren Salzwiese immer dichter und höher aufwächst. Andel, Salz-Sode, Strand-Grasnelke und Englisches Löffelkraut können darunter durchaus mal leiden. *Spartina* hält das abziehende Wasser auch länger zurück.
Aber all dies ist menschengemacht. Das Salz-Schlickgras kann wie alle anderen Wanderpflanzen überhaupt nichts dazu. Es wurde absichtlich angepflanzt, dicke Rhizome und bis 2 Zentimeter breite, bläuliche Blätter brechen Wellen und sedimentieren Watt. Es ist in meinen Augen daher ein trotzdem nützliches Gras zwischen den Lahnungen der Nordsee. Dekorativ zur Blütezeit mit bis zu 2 Zentimeter langen, weiß-cremefarbenen Staubgefäßen, die lustig im Wind flattern. Immer ein frischgrüner Kontrapunkt im öden Braun und Grau des Schlicks.
Zu allem Überfluss ist dieses Gras zudem Wirt vom Purpurbraunen Mutterkornpilz (*Claviceps purpurea*), welcher zumindest giftverdächtig sein soll. Forschungen zur Giftigkeit des Pilzes laufen noch. Alarm wird

jedenfalls in Niedersachsen noch nicht geschlagen, auch nicht für die doch nur noch sporadisch im Deichvorland zu sehenden Weidetiere. Den Wattwürmern und stochernden Wattvögeln wird bestimmt durch das Schlickgras etwas Raum entzogen. Doch eine Förderung für hier brütende Vögel ist noch gar nicht untersucht.
Aber was andererseits der ewig bauende Mensch schon an Küstenlebensräumen abgrub, jetzt schon über 1000 Jahre lang, das wird dagegen nie bilanziert. Das wurmt mich, um es freundlich auszudrücken.

Ulex europaeus
Familie der Hülsenfrüchtler *(Fabaceae)*

Gewöhnlicher Stechginster

Ein nicht einheimischer Vertreter unserer bodensauren Trockengebüsche, den sogenannten Ginstergebüschen, ist der Gewöhnliche, auch Europäischer Stechginster (*Ulex europaeus*). Er stammt ursprünglich aus West- und Nordwesteuropa und wurde anthropogen bei uns ausgesät bzw. ausgepflanzt – entweder als extrem stark bedornte Schönheit, aber auch als Zaunersatz, also als Hecken und auch zur Bodenfestlegung.
Dermaßen trockenheitsliebend, jedoch auch frostempfindlich, ist der Gewöhnliche Stechginster daher nirgends so vital wie an der deutschen Nordseeküste. Zwar gibt es seit dem 17. Jahrhundert zahlreiche Ausbringungen auch im Binnenland, sogar weit nach Südsachsen und Rheinland-Pfalz hinein, aber hier tut sich dieser bis 2 Meter hohe und ganz im Norden auch schon mal bereits im milden Januar blühende Großstrauch schwer.
Fehlt ihm die Sonne, weht kein Sand, gibt es da nur Lehm, grobes Gestein, wird es feuchter oder frisst sich der Schatten anderer Gehölze an ihn heran, dann wird er rasch zum »Ritter der traurigen Gestalt«, dann mickert er ziemlich schnell und stirbt einfach ab.
Wenn er aber seine zahlreichen goldgelben, bis 2 Zentimeter langen Blüten zeigt, dann fällt mir nur eines dazu ein: einfach herrlich! Der Stechginster hat dann fast etwas Exhibitionistisches! Seine Blütenstiele, die dekorativ-goldbraunen Kelchblätter und später auch die Hülsen sind weich behaart. Darum will man ihn selbst im eigenen Garten haben, aber da ist es ihm viel zu nährstoffreich. Da hält er sich

Das Salz-Schlickgras wurde als Wellenbrecher und zur Sedimentierung des Watts angepflanzt.

nie, jedenfalls was ich so gesehen habe. Im Landkreis Cuxhaven aber, etwa bei Sahlenburg, auf Langeoog und Baltrum kartierte ich schöne Stechginstergebüsche, auch noch im Osnabrücker Land um Abbaustellen. Aber viele alte Vorkommen sind schon längst versiegt, auch die winterkalte Ostseeküste ist nichts für ihn. Schon im so küstennahen Land Bremen existieren keine Stechginstergebüsche mehr. Ganz anders in England und an der Atlantikküste bis nach Portugal, da ist er längst zur invasiven Art erklärt worden, ja sogar selbst im fernen Australien.
Aber warum muss der Mensch auch immer alles überall haben? Wieso denkt er so selten nach? Abschreckende Beispiele hat es doch im Laufe der Jahrhunderte zuhauf gegeben.
Wenn ich mich 2006 an den Erie-See in Kanada und in den USA erinnere, unsere »popelige« Knoblauchsrauke wuchert dort hektarweise als dortiger Neophyt in allen Wäldern! Nun, das kommt dann davon.
Der Stechginster steht inzwischen in Niedersachsen – schon lange übrigens – sogar auf der Roten Liste der bedrohten Pflanzenarten. Das machen wir bei Ankömmlingen nur in ganz seltenen Fällen, nämlich immer dann, wenn er als einmal eingebürgerte Art dann wieder abnimmt, also gefährdet ist. Und das ist hier der Fall, wie überall in Deutschland.
Ein Spektakel sind seine bis zu 5 Zentimeter langen Kurztriebe, die zu Dornen umgewandelt sind. Ein probates Mittel gegen Mensch und Tier, gleich einem »Nato-Draht«. Deshalb wird der Stechginster auch gern ab und zu als natürliche Auslaufbegrenzung z. B. für Pferde und Rinder eingesetzt. Wer sich in die Dornen reinsetzt, wird diesen Hülsenfrüchtler sein Lebtag nicht mehr vergessen – also Lernen durch Schmerz sozusagen ... Außer als Dekoware und zur Grundstücksabgrenzung werden die brandresistenten Samen dieses stark giftigen Gewächses als Arzneidroge (Cytisin) verwendet.
Aus den Blüten dieser frühen Bienen- und Hummelpflanze lässt sich gelber Farbstoff gewinnen, der zum Färben von Textilien verwendet wird. Der Gewöhnliche Stechginster verbessert zudem den Boden, denn er ist in der Lage, Stickstoff aus der Luft in bodenbürtigen Nährstoff umzuwandeln, was aber im Naturschutz eher nicht gewollt ist. Ferner dienen Ulex-Lektine als Marker für etwaige venöse Tumorzellen. Also, doch gar nicht so schlecht, was dieser bei uns neue Stechginster zu bieten hat!

Der stark bedornte Gewöhnliche Stechginster wird gern als natürlicher Zaun genutzt.

AN GROSSEN FLÜSSEN UND STRÖMEN

VOM ESCHEN-AHORN BIS ZUR ELBE-SPITZKLETTE

Artenvielfalt entlang der Wasserstraßen

Gerade an Linienbiotopen ergeben sich für Neuankömmlinge die größten Chancen, zunächst überhaupt ein Bein an die Erde zu bekommen.
Anders als längs der Küsten bieten sich an Flüssen und Strömen ja auch gleich zwei Seiten an, was zu gesteigerter Standort- und damit zu erhöhter Artenvielfalt führt. Zumal große Ströme wie Rhein, Elbe, Donau und Oder auch entsprechend lange Wege durch viele Naturräume gehen.
In Deutschland sind daher Rhein und Elbe diejenigen mit den höchsten Neophytenzahlen. Donau und Oder sind dazu in Deutschland nicht lang genug. Aber auch Aller und Main, Havel und Weser, Mosel und Ems haben da noch einiges zu bieten. Denn Flüsse bereichern immer.
Die Artenzahlen ganz allgemein liegen oft deutlich höher als im unmittelbaren Umland. Von Sand- und Schlammbänken bis zu den oberen Steilkanten nach Uferabbrüchen reicht das Potenzial, noch gefördert durch etwaige Beweidung, durch Tritt (Angler), durch den Bau von Buhnen oder bei Vorhandensein von Auwäldern.
Nur vier Großstädte in Deutschland liegen nicht an einem Fluss (z. B. Bielefeld oder Karlsruhe); diese Flüsse und eine Vernetzung auch noch mit Kanälen fördern die Ausbreitung von Neophyten.
Vor allem aus angrenzenden Gärten, aber auch von Bahnanlagen sowie aus Häfen gelangten sie an unsere großen Fließgewässer. Ein Erlebnis war 2018 das massenhafte Auftreten der Tomate (gilt als unbeständig) auf

Groß und stark – der Geschlitztblättrige Sonnenhut 2020 an der Bremer Weser

praktisch jeder Elbebuhne, und zwar zahlreich fruchtend und ganz süß schmeckend. So etwas kannte ich vorher nur von Müllkippen. Tagelang ernährte ich mich einseitig fast nur von jenen Tomaten.
Manchmal konnte ich 20 bis 30 davon auf einen Schlag ernten, mit entsprechend negativen Auswirkungen auf meine Verdauung ... Das alles bei Niedrigwasser vermutlich außerdem noch gefördert durch Einleitungen aus Kläranlagen.
Imponiert hat mir auch seit 2019 das schon lange und zahlreiche Auftreten des Traubigen Alants (*Inula racemosa*) in Weißenfels im Süden Sachsen-Anhalts. Längs der Saale und auch schon an angrenzenden Straßenrändern hat sich diese bis 2,5 Meter hohe Pflanze lokal eingenischt. Ursprünglich stammt der Traubige Alant tatsächlich von Bächen aus Afghanistan.
Erwähnt werden muss zudem aus dem Osten der USA die Pennsylvanische Esche (*Fraxinus pennsylvanicum*), die sich derzeit schon stark an Elbe sowie Saale einbürgert und durch eine goldgelbe Herbstfärbung sowie durch braune Knospen auffällt. Unsere einheimische Esche dagegen hat schwarze Knospen, ohne Herbstfärbung.
Also zahlreiche Vertreter von Neubürgern an großen Flüssen und Strömen hätten sich hier durchaus noch leicht finden lassen. Jedoch muss ich es an dieser Stelle aus Platzgründen bei den nun folgenden 13 Arten bewenden lassen.

Der widerstandsfähige Eschen-Ahorn hat männliche und weibliche Bäume.

Eschen-Ahorn

Acer negundo
Familie der Ahorngewächse *(Aceraceae)*

Der bis 20 Meter hohe, schnörkellose Eschen-Ahorn (*Acer negundo*), aus der Osthälfte der USA seit 1688 bei uns als Park- und Gartenbaum kultiviert, bemächtigt sich wirklich nicht nur unserer Flussufer. Nein, zielsicher hat er es schon sehr viel weiter gebracht. Auf Bahn- und Hafenanlagen, auf Industrieflächen, an Straßen- und Wegrändern, auf Dämmen und an Waldrändern ist er mittlerweile zu finden – mit zunehmender Tendenz. Ja selbst aus Gully-, Keller- und Treppenschächten wagt er sich hervor. Seit Langem vor allem in Ostdeutschland durch häufige Anpflanzungen auch in der freien Landschaft gefördert als extrem genügsames Gehölz mit breiter Standortamplitude.

An der mittleren Elbe schon seit Langem stark vertreten, war er noch um 2010 nicht an der niedersächsischen Elbe zu finden. Heute lugt er auch hier hie und da aus den Blocksteinbefestigungen. Da kann man ihn abschlagen, absägen, darüberfahren oder gar abfackeln, das ficht ihn überhaupt nicht an. Mit den im Winter vor allem hechtblauen Zweigen schlägt er einfach mehrtriebig wieder aus und bildet dann am Ende dichte Baum-Gebüsche – wie etwa auf der Elbeinsel in Magdeburg. Dagegen ist dann wortwörtlich kein Kraut gewachsen.

Aber auch in den USA ist er an Flüssen einer der vorherrschenden Bäume, wie ich in Chicago und in Detroit selbst sah. Unser einziger Ahorn mit gefiederten Blättern (eben wie Eschen, nur mit weniger Fiederpaaren, bis sieben Teilblätter) wächst extrem schnell, fruchtet intensiv in hängenden Trauben und erträgt sowohl starke Trockenheit als auch längere Überflutung des Wurzelbereichs. Dermaßen breit aufgestellt, kümmern ihn auch Nährstoffmangel oder ein Überangebot desselben gar nicht.

Fröste erträgt er spielend, Bodenverdichtung auch. Das Holz ist brüchig, ein Vorteil zur Etablierung an Flussufern (wie bei Weiden). Es gibt männliche und weibliche Bäume, Eschen-Ahorne sind also getrenntgeschlechtlich (diözisch). Wie beim Spitz-Ahorn erscheinen die Blüten vor den Blättern, dies bereits im Alter von sieben Jahren! Die Fruchtflügel jedoch sind spitzwinklig wie beim Berg-Ahorn. Mit diesen wächst er auch zusammen, lässt sich aber von beiden nicht die Butter vom Brot nehmen. Zugegeben, ein Problem-Ahorn, seit Längerem aber in Siedlungen oder im Wald nicht viel anders als die anderen beiden eben genannten Acer-Arten.

Einjähriger Beifuß

Artemisia annua
Familie der Korbblütler *(Asteraceae)*

Fünfzehn von weltweit etwa 350 Beifuß-Arten tummeln sich inzwischen in Deutschland, davon böten sich zum Thema hier gleich sechs als eingebürgerte Neulinge an: Estragon, Armenischer Beifuß, Kamtschatka-Beifuß, Österreichischer Beifuß, Zweijähriger und Einjähriger Beifuß. Die beiden Letzten bilden längs der Elbe oft ein Duo, wobei der Einjährige Beifuß (*Artemisia annua*) der hier eindeutig häufigere ist. Den Einjährigen nehme ich jetzt! Steht der Zweijährige Beifuß meist kerzengerade schlank wie ein Billardstock bis 1,5 Meter hoch, macht es der Einjährige Beifuß meist buschig. Beide kennen sich schon lange, kommen sie doch etwa gleichzeitig aus Südosteuropa und Westasien zu uns. 1894 und »meine« Zielart hier schon 1885.
Aus hellgrünen, dünnen, fein dreifach gefiederten Grundblättern erhebt sich so ab Juni/Juli an oft roten Stängeln diese oft dominante Kreation bis 1,5 Meter Höhe. Von Anfang an verströmt die gesamte Pflanze gerieben einen einzigartigen Geruch, ich würde sagen – nach Hustenbonbons. Beim Durchstreifen der Elbufer habe ich sie ständig bei mir und halte sie mir ab und zu unter die Nase. Auch nicht aus Pappe sind dann die gelben, nur 3 Millimeter breiten, nickenden Blütenköpfchen. Zum Glück treten die von August bis Oktober in großen Mengen auf, dann riecht man sie auch schon gegen den Wind. Das ist sein durchschlagender Erfolg. Da aber die Beifüße bei Allergikern gefürchtet sind, ist auch der Einjährige ins Gerede gekommen.

Der Einjährige Beifuß riecht wie Hustenbonbons, wenn man ihn zerreibt.

Aber dort muss man ja als Allergiker nicht unbedingt hin. Denn *Artemisia annua* hält sich nur im Uferbereich auf. Die Standorte sind sandig bis wenig überschlickt, trocken bis auch temporär überstaut. Ein Licht-, Nährstoff- und Wärmezeiger. Auch an der Saale aufwärts bis zur Unstruteinmündung, ebenfalls an der Mulde. Übrige sporadische Vorkommen sind unbeständig, wie etwa an der Neiße 2020 spärlich nahe vom östlichsten Punkt Deutschlands. Ganz überrascht war ich, dass dieser Neophyt sogar gewinnbringend als Tee und gegen Malaria eingesetzt wird. Das hat 2015 sogar schon zu einem Medizin-Nobelpreis für die Isolierung des Pflanzenstoffs Artemisinin an die Chinesin Tu Youyou geführt. Sogar gegen Covid-19 ist man beim Einjährigen Beifuß derzeit am Ball, unter Hinzunahme von Kaffee. Na also, geht doch, muss bleiben!

Neubelgische Aster

Aster novi-belgii
Familie der Korbblütler *(Asteraceae)*

Zur »Abteilung Attacke« zählt die Neubelgische Aster *(Aster novi-belgii,* Aster = Stern), die wie viele andere Astern-Arten auch aus Nordamerika im 18. Jahrhundert zu uns reingegrätscht ist.
Gleich 8 von 13 echten Astern-Arten in Deutschland sind kompetent in Sachen Neophyten. Sie firmieren unter der neuen Gattung *Symphyotrichum*, von denen die meisten früher innerhalb der Gattung Aster behandelt wurden. Ersterem folge ich nicht, denn »aster-reiner« als bei der Neubelgischen Aster kann es wirklich nicht zugehen! Bei dieser Spezies scheint sich der Vorwärtsdrang in den letzten zehn Jahren etwas abgeschwächt zu haben. Kleinblütige Astern wie die Lanzettblättrige Aster und die Kleinblütige Aster haben ihr den Rang abgelaufen.
Die Neubelgische Aster ist jedoch nach wie vor am weitesten verbreitet und macht auch durch ihre vielen bis 3 Zentimeter breiten, blauen bis purpurvioletten Blüten am meisten her. Bis 1,6 Meter hoch gibt sie Flussufern, aber auch Kanälen, Graben-, Straßen- und Wegrändern sowie auf Brachflächen und in Hochstaudenfluren bis Oktober einen letzten Herbstglanz. Mit einem eifrigen System aus Wurzelkriechern kann sie größere Flächen erobern, was ihr als ehemalige Zierpflanze zum oft endgültigen Verweis aus Gärten und Parks verhalf. Wir sehen das nicht mit Sorge, denn Astern sind auch letzte Nahrungsreserven für Bienen, Hummeln und Fliegen. Allen neuen Astern aus der Neuen Welt gemein sind schlanke Lanzettblätter, aber bei der Bestimmung helfen unterschiedliche Blütezeiten, Blütengrößen, Blütenfarben und Behaarung. Gut auch, dass unsere durchweg kleinwüchsigeren heimischen Astern (Alpen-, Berg-, Gold-, Strand-Aster sowie das Maßliebchen) mit all den anderen »unten am Fluss« nicht ins Gehege kommen können. Dagegen halten sich mehrere Neo-Astern auch schon gegenseitig in Schach.

Foto Seite 38: Bis weit in den Oktober hinein blüht die Neubelgische Aster und nährt Insekten.

Die Scheibenblüten des Schwarzfrüchtigen Zweizahns sind nur aus gelben Röhren aufgebaut.

Bidens frondosa
Familie der Korbblütler
(Asteraceae)

Schwarzfrüchtiger Zweizahn

Die Gattung der Zweizähne ist unter Naturfreunden äußerst unbeliebt, obwohl von weltweit 240 Arten nur fünf in Deutschland wachsen. Das liegt an ihren oft schwer bis nicht zugänglichen Lebensräumen, an ihrer schweren Unterscheidbarkeit mit hoher Variabilität, und außerdem nerven an Hosenbeinen und Socken zur Fruchtzeit von Oktober bis Dezember ihre pikigen Früchte.
Eine Art davon ist seit 1736 neu bei uns, der Schwarzfrüchige Zweizahn (*Bidens frondosa*). Da geht es ja schon weiter, alle Zweizähne sind irgendwann schwarzfrüchtig, die Blätter sind fast gleich, die Stängel auch. Ein Stelldichein geben sich dieser hier, der Dreiteilige, der Nickende, der Strahlige und dann auch mal der Verwachsenblättrige – auch ein Neophyt, seit 1865. Aus Nordamerika kommend, hat der Schwarzfrüchtige Zweizahn sich der nährstoffreichen Teich- und Flussufer, der Schlamm- und kurzwüchsigen Sumpfflächen, auch mal der Bauernhöfe bemächtigt. Lange ist von ihm wenig bis nichts zu sehen, bis er sich in der zweiten Jahreshälfte endlich aufmacht. Dann schafft er es mit oft weinrot-bräunlichen Stängeln sogar bis auf 2 Meter Höhe.
Die Blätter sind meist fünfteilig, sitzen an langen Stielen und sind graugrün, das Endblättchen ist im Gegensatz zum häufigeren Dreiteiligen Zweizahn deutlich und lang gestielt. Bis 1,5 Zentimeter breite Scheibenblüten, aufgebaut nur aus gelben Röhren, erscheinen fast dichotom meist zu dritt bis zu fünft. Die abgeflachten Früchte (Achänen) besitzen zwei bis auch drei harte Grannen mit rückwärts gerichteteten Borsten und auf höckeriger Fläche aufwärts gerichtet behaart. Ein Quereinsteiger, der sich in Deutschland fast unbemerkt allmählich ausgebreitet hat, aufsässig und zumindest nördlich des Mains nirgendwo mehr fehlend.
Auch essen kann man diesen Zweizahn nicht, kaufen kann man ihn nicht, aber manchmal brauche ich im Herbst eine Viertelstunde, um seine juckenden Fruchtpakete wieder loszuwerden. Genau dann, wenn die Tage eh schon immer kürzer werden. Also, wegen dieser Art bin ich bestimmt nicht zu diesem Buch-Thema gekommen. Dieser Neophyt ist hier unverzichtbar, weil er eben ziemlich häufig ist.

Schwarzer Senf

Brassica nigra
Familie der Kreuzblütler (*Brassicaceae*)

Oft schlank wie eine Tanne, dann auch wieder sparrig stark verzweigt präsentiert sich der aus dem östlichen Mittelmeer stammende Schwarze Senf (*Brassica nigra*), der ganz ursprünglich – sicher schon vor 1500 – als Heil- und Würzpflanze eingeführt wurde. Heute gilt er als typische Stromtalpflanze. An nicht zu stark beschatteten Flussufern findet er bis 3 Meter hoch werdend die für ihn wichtigen Nährstoffe sowie eine gewisse Bodenfeuchte. Ob nun Lehm oder Sand, das ist ihm ziemlich schnuppe, gelegentliche Hochwasser werden sogar ausdrücklich begrüßt. Von hier aus wird er mit Boden, auf Erdhaufen, an Böschungen, Straßen und Wegen weiterverschleppt, hält sich abseits von Rhein, Main, Mosel, Neckar, Weser, Elbe, Saale und Unstrut aber kaum. Erstaunlicherweise an Oder und Spree fehlend – in Berlin und an den Küsten unbeständig.
Der blaugraue, steife Stängel ist unten dicht behaart. Die leierartigen zerteilten Blätter mit großem Endlappen sehen am Grund wie am Stängel ähnlich aus. Oben wachsen ganzrandige, nur noch ganz schmale Blätter.
Die Blütezeit geht von Juni bis Oktober. Zurück bleiben danach graue, vertrocknete Mumien, an denen die bis 2 Zentimeter langen, eng an den Stängeln anliegenden, schwach kantigen, kahlen Schötchen mit bis 3 Millimeter langen Schnäbelchen noch bessere Zeiten bezeugen. Die scharfen Samen wurden früher gemahlen.
Der Schwarze Senf ist ein sogenannter Wintersteher warm-gemäßigter, gerne luftfeuchter Lagen. Ab und zu auch verschleppt in Gärten und Häfen, auf Äckern und Müllkippen. An der Mittelelbe, im hinteren Bereich der Buhnen, gerne mit Acker-Schöterich, Geflecktem Schierling, Gelber Wiesenraute, Katzenschwanz und dem Neophyten Gelappte Stachelgurke. Was man auf Äckern nach der Ernte kniehoch von September bis fast Dezember so flächig gelbblühend sieht, ist nicht der deutlich höhere Schwarze Senf, sondern der angesäte, unbeständige Weiße Senf (*Sinapis alba*) – eine Gründüngungspflanze.

Der Schwarze Senf ist der scharfe Vertreter aller Senf-Arten und wird auch im Tafelsenf verwendet.

Nordamerikanische Seide

Auch nicht nur auf Verschickung, sondern dauerhaft bei uns ist die einjährige Nordamerikanische Seide (*Cuscuta campestris*). Ein Vollparasit, zu den Teufelszwirnen zählend. Wie unsere einheimsche Nessel-Seide an ähnlichen Standorten, entnimmt sie den Wirtspflanzen Nährstoffe und Wasser und ist nicht in der Lage, eigenes Chlorophyll aufzubauen. Während die heimische Art rötlich-fleischfarben auftritt, beeindruckt die Nordamerikanische Seide mit feuerorangem Outfit. Bis 50 Zentimeter lang, durchdringt sie einzeln oder in verworrenen Knäueln und Kleinflächen zahlreiche Wirtspflanzen.
2020 zählte ich an der Mittelelbe über 35 verschiedene Wirtspflanzen. Bevorzugt werden Einjähriger Beifuß, Gänse-Fingerkraut, Große Brennnessel und besonders die Elbe-Spitzklette. Ganz überwiegend ohne sichtbare Schwächung der Wirtspflanzen.

Die grünlich-weißen Blüten der Nordamerikanischen Seide vereinen sich in kleinen Knäueln.

Cuscuta campestris
Familie der Seidengewächse
(Cuscutaceae)

Seit 1898 im Land, wurden zunächst Klee- und Luzernefelder besiedelt. Inzwischen hat sich die Nordamerikanische Seide längst zur Stromtalpflanze gewandelt. Neben der Elbe ist sie –allerdings deutlich weniger dominant– auch an Main, Neckar, Neiße, Rhein, Saale, Spree und nahe angrenzender Regionen zu finden.
Zumeist fünf grünlich-weiße Blüten vereinen sich von August bis Oktober zu niedlich-kleinen Knäueln. Die fünfzipfeligen, innen gefransten Blüten sind röhrenartig verwachsen und besitzen jeweils fünf Staubgefäße. Wie bei den anderen Seide-Arten sitzen die Samen in etwa 0,5 Zentimeter großen, rundlichen Kapseln.
Die Nordamerikanische Seide ist ein Neophyt, der erst bei näherem Hinsehen an Extremstandorten auffällt. Immer nahe am Wasser, licht- und nährstoffliebend, gerne mit der viel selteneren Pappel-Seide.
Es gibt nämlich noch sechs weitere *Cuscuta*-Arten als Neophyten, meist ist ihr Vorkommen unbeständig. Aber einige sind auch schon seit Längerem an vergleichbaren Habitaten eingebürgert, wie etwa die Gronovius-Seide an Mosel, Rhein und Ruhr. 2016 sah ich diesen Neophyten massenhaft im Duisburger Hafen.

Gelappte Stachelgurke

Echinocystis lobata
Familie der Kürbisgewächse *(Cucurbitaceae)*

Seit 1922 lässt in Deutschland die Gelappte Stachelgurke (*Echinocystis lobata*) aus Nordamerika aufhorchen, irgendwie ein Unikum von Pflanze. Zunächst sehr verhalten, in den letzten 25 Jahren aber extrem zielstrebig. Das bis 6 Meter lange Kürbisgewächs mit den hübschen, hellgrünen Ranken-Korkenziehern überzieht zunehmend die Schilf- und Rohrglanzgras-Röhrichte sowie Hochstaudenfluren vor allem von Elbe und Saale, aber auch von Havel, Oder, Randow, Spree und Werra. Also eindeutig eine Pflanzenart Ostdeutschlands, die sich gerne auch in den steinernen, eigentlich lebensfeindlichen Buhnen ansiedelt.
In Niedersachsen datieren erste Funde an der Elbe aus 2001 und 2003. Ab Juli fällt diese Rankpflanze mit ihren cremeweißen, feinen Blüten in längeren Rispen auf, es sind die männlichen. Die weiblichen entspringen einzeln, hier baumeln dann ab August an den schlappen Sprossen die so typisch ballonartig aufgeblasenen, bis 6 Zentimeter langen, eiförmigen, unterständigen »Gurken« herab. Ein abgefahrenes Wunderwerk der Technik – federleicht, gekammert, schwimmfähig und bereit, sich mithilfe der gar nicht harten Stacheln am Fell von etwa weidenden Schafen forttragen zu lassen. Die bis 20 Zentimeter langen Blätter sind handförmig fünflappig.
2018 gab es von diesem Eindringling an der Mittelelbe, genauer gesagt bei Wussegel, einem Ortsteil der Stadt Hitzacker, ein hektarweises Austoben, um dann im Jahr darauf kaum noch von sich Aufhebens zu machen. Also insgesamt ist die Gelappte Stachelgurke sicher eingebürgert, aber dennoch nicht immer dauerhaft.
Sollte jemand nun bei diesem deutschen Namen des Einwanderers Appetit bekommen, essbar ist an dieser Art leider nichts. Im Osten und im Kreis Friesland habe ich die Pflanze aber schon mehrfach als Zierpflanze an Maschendrahtzaunen gesehen. Ich glaube, die Pflanze kann man kaufen oder eben Menschen mit wahrem Kennerblick oder Geduld waren in ostdeutschen Landen unterwegs.

Die Gelappte Stachelgurke zählt zu den Kürbisgewächsen. Doch nichts an dieser Pflanze ist essbar.

Drüsiges Springkraut

Impatiens glandulifera
Familie der Balsaminengewächse
(Balsaminaceae)

Nicht nur verpönt, inzwischen gefürchtet wird das bis 3 Meter hohe Drüsige Springkraut (*Impatiens glandulifera*), auch Indisches Springkraut genannt. Das verrät schon mal seine Herkunft, seit 1854 vom Himalaya, aus Kaschmir des indischen Subkontinents.

Das Drüsige Springkraut ist eine Halblichtpflanze mit Schmackes auf nährstoffreichen, am liebsten bodenlockeren, gut durchfeuchteten Böden. Ebenfalls zunächst als Zierpflanze kultiviert, hat es erst in den letzten 25 Jahren so richtig den Turbo gezündet und ist zum Problem geworden. Obwohl ich das nicht so recht nachvollziehen kann.

Fährt man mit dem Zug von Hamburg über Kassel etwa nach Stuttgart, quert man zahlreiche Flusstäler, die von August bis Oktober leuchtend rot bis rosa (selten reinweiß) überzogen sind. Aber diese einjährige Pflanze wächst erst sehr langsam, im Mai/Juni ist noch fast nichts zu sehen. Sie lässt anderen erst einmal Platz. Zudem ist sie ein wahrer Segen für Bienen, die hier noch im Oktober reichlich zu finden sind. Die Samen sind essbar und schmecken lecker nach Walnüssen, egal ob jung (weiß) oder reif, wenn sie ganz schwarz sind. Und wieder ist nicht das Gewächs an seiner rasanten Ausbreitung schuld, sondern der Mensch. Noch in den 1990er-Jahren sah ich in Niedersachsen Anpflanzungen des Drüsigen Springkrauts in der freien Landschaft, durch Imker! Die Leute holten es sich dann auch von draußen in ihre Gärten.

Heute wandert das Springkraut weiter, in unsere Auenwälder, in unser Fichtenforste, in viele Biotope, die vom Menschen »gestört« sind, wie Bäche, Graben-, Straßen- und Wegränder, Böschungen, Feuchtbrachen in Siedlungen, zwischen Industrieflächen, Friedhöfen, Häfen, Parks und selbst längs von aufgegebenen Bahnlinien.

Bis auf den Norden und Nordosten und von Teilen Bayerns ist dieses Springkraut schon weit verbreitet, aber längst nicht überall dominant. Brennnesseln, Rohr-Glanzgras, Schilf, Erlen und Weiden haben durchaus noch etwas

Bis in den Oktober hinein finden die Bienen im Drüsigen Springkraut eine reiche Futterquelle.

dagegen, auch alles starke Gewächse. Bis 6 Meter weit katapultieren sich die Samen des Springkrauts im Wind oder nach Berührung. Verantwortlich sind auch die inzwischen milden Winter, denn beim ersten stärkeren Frost brechen die Bestände zusammen. Auch Nutzungsaufgaben wie etwa fehlendes oder zu seltenes Mähen oder Beweiden fördern diesen Neophyten. Herausziehen kleiner Bestände lohnt sich da, wo sonst noch nichts zu sehen ist. Das mache ich auch, etwa an Waldwegen. Aber oft mobilisiert man so nur die Samen für später bzw. für das nächste Jahr.

Übrigens sind nicht nur die Samen des Springkrauts essbar. Auch seine Blätter und Blüten finden Verwendung. In der Bachblüten-Therapie z. B. spielt das Drüsige Springkraut unter dem Namen »Impatiens« eine wichtige Rolle. Es ist außerdem eine Komponente der sogenannten Bachblüten-Notfalltropfen (Rescue Remedy).

Erste Schädlinge haben sich inzwischen auf diese Spezies eingeschossen. Die Schwarze Bohnenlaus saugt an der Pflanze, und die Raupen des Mittleren Weidenschwärmers fressen daran. Warten wir also doch noch ab, bis endgültig negativ über diesen Neophyten geurteilt werden kann.

Die Samen des Drüsigen Springkrauts sind essbar und schmecken nach Walnüssen.

Bei der lateinischen Namensgebung wurde das Drüsige Springkraut nach seiner Blütenform, den Stieldrüsen auf Blattstiel und Blattansatz benannt *(Impatiens glandulifera;* lat. *glandulifera* = Drüsen tragend).

Es gibt noch eine Reihe weiterer teils invasiver Springkräuter. Als Erstes möchte ich hier das in Wäldern und Siedlungen extrem häufige Kleinblütige Springkraut (*Impatiens parviflora*, seit 1837 aus der Mongolei) nennen. Es folgt das Orangegelbe Springkraut *(Impatiens capensis,* seit 1987 aus Nordamerika), das z. B. 2016 viel am Wesel-Dattel-Kanal östlich von Wesel zu finden war, und das Bunte Springkraut (*Impatiens edgeworthii*, seit 2001 aus Pakistan), das sich in Berlin, Brandenburg, Sachsen, Sachsen-Anhalt und Thüringen ausbreitet.

Letzteres sah ich jetzt auch das allererste Mal – fast schon nachts auf dem Weg von Dresden nach Bautzen, ich wollte in einem alten Mischwald nur kurz nach Pilzen suchen – Glücksfälle gibt es …

Allen Springkräutern ist gemein, dass sie oft gerade dort wachsen, wo vorher nichts wuchs, wo der Mensch massiv stört – durch Kalkung, Nährstoffeinträge und weiter andauernder Entwässerung.

Großes Büchsenkraut

Lindernia dubia
Familie der Rachenblütler *(Scrophulariaceae)*

Einer der extrem Subtilen im Lande ist das Große Büchsenkraut (*Lindernia dubia*), wieder eine Art aus Nordamerika. Es ist so verschwiegen, dass es nur alle paar Jahre, manchmal nur alle zehn Jahre erscheint. Und dies nur an der Mittelelbe zwischen Torgau/Sachsen und Tespe/Kreis Harburg. 2018 war es dann mal wieder so weit. Vorausgegangen war ein extrem regenreiches Winterhalbjahr und dann ein extrem trocken-heißer Sommer, der das Flusswasser dauerhaft stark absinken ließ. Die gesamte Schifffahrt musste sogar eingestellt werden, Sandbänke wie noch nie gesehen waren die Folge. Und das mag diese flach wachsende, einjährige und spät im Jahr blühende Pflanze. Pionierartigen Sand mit manchmal leichter Schlammauflage, immer mal wieder auch leicht ansteigendes Wasser über flachen Sandbänken. Nährstoffreichtum sowie auch nachdrückendes Hangdruckwasser von der nahen Umgebung sind förderlich. So ausgestattet, liegen flache, grün-rötliche, leicht fleischige Flatschen auf den wenig bewachsenen Buhnenfeldern. Überwiegend ein bis fünf Individuen, dann auch mal über 50. Von August bis November garniert mit hellvioletten Blütchen. Die hellgrünen Stängel sind vierkantig, die Bätter bis fast zur Spitze gesägt. Eine echte Sphinx unserer Neophyten. Sobald jemand ein Großes Büchsenkraut irgendwo gesehen hat, setzt ein Mini-Run ein, und sich berufen fühlende Botaniker eilen herbei. So fand ich 2018 über 200 Pflanzen zwischen Schnackenburg und Walmsburg zusammen mit seinen besten Freunden, alle ebenfalls einjährig: Braunes Zyperngras, Hirschsprung, Kleines Flohkraut, Niederliegendes Fingerkraut, Schlammling, Wilder Reis, mit Blaugrünem, Rotem und Vielsamigem Gänsefuß. Auch das teilweise Vagabunden, auf die man sich an der Mittelelbe nicht jedes Jahr verlassen kann. Dagegen ist das in Deutschland stark gefährdete Liegende Büchsenkraut (*Lindernia procumbens*, mit ganzrandigen Blättern) einheimisch, wächst an ähnlichen Stellen, erreicht aber die Mittelelbe flussabwärts bis Niedersachsen nicht mehr. Es besitzt längere Blütenstiele, sonst ist es ein Abziehbild vom Großen Büchsenkraut.

Das Große Büchsenkraut ist einjährig und in unseren Breiten nur alle paar Jahre zu finden.

Bastard-Staudenknöterich

Reynoutria x *bohemica*
Familie der Knöterichgewächse
(Polygonaceae)

Die mit umstrittensten Karrieristen und bekanntesten Neophyten sind die Staudenknöteriche. Auch wenn vielen das Thema (noch) unbekannt ist, so haben doch nicht wenige schon mal von dieser Gattung gehört. Neben den meist einjährigen »normalen« Knöterichen (*Persicaria*) gibt es noch Wiesenknöteriche (*Bistorta*), Windenknöteriche (*Fallopia*), die Vogelknöteriche (*Polygonum*) und eben jene sehr wüchsigen Staudenknöteriche (*Reynoutria*). Von letzterer Gattung existieren drei spätfrostempfindliche, feuchtigkeits- und nährstoffliebende Arten in Deutschland, längst regelrechte Schlüssel-Neophyen: Japanischer Staudenknöterich *(Reynoutria japonia,* bis 3 Meter hoch, seit 1872 in Deutschland. Sachalin-Staudenknöterich (*Reynoutria sachalinensis*), bis 4 Meter hoch, 1869 zuerst in Europa, in Deutschland sicher später als erstgenannte Art. Und seine Hybride, der Bastard-Staudenknöterich (*Reynoutria* x *bohemica*), bis 3,5 Meter hoch).

Die mittlere Neiße 2020 unterhalb von Görlitz, ein riesiges Staudenknöterich-Eldorado

Jahrzehntelang kannte ich nur den Japanischen Staudenknöterich und den Sachalin-Staudenknöterich, die sich sowohl durch ihre Wuchshöhe als auch durch ihre Blätter deutlich unterscheiden. Beim Japanischen Knöterich sind die Blätter bis 20 Zentimeter lang und unten wie abgeschnitten, dagegen hat der Sachalin-Staudenknöterich bis 50 Zentimeter lange, unten abgerundete Blätter.

Dann, Ende der 1990er-Jahre, wurde erstmals von einem Bastard zwischen den beiden Gattungen berichtet. Im Bremer Florenatlas (2006) nur fünf Raster, im Atlas für ganz Niedersachsen (inklusive Bremen, 2007) mal gerade 40 Raster davon belegt.

Seitdem ist der Bastard auf einem ungeahnten Höhenflug, heute sehe ich fast nur noch ihn! Seine Blätter intermittieren zwischen beiden Eltern. Sie sind länger, unten nicht so gerade abgestutzt, und während früher kaum oder verkümmerte Blüten beobachtet wurden, kann man diese in wahren Blutenorgien jetzt überall von Ende August bis Oktober finden.

Anlässlich einer Fahrt 2020 von Bremen über das Erzgebirge, Dresden, Görlitz, Frankfurt/Oder entdeckte ich an den Bächen und Flüssen nur diese Hybride. Teils in riesigen Massen an Unstrut, Saale, Weißer Elster,

Zwickauer Mulde, Zschopau, Freiberger Mulde, Elbe und Neiße. Dann ausgedünnt auch an der Oder bis Frankfurt. Kilometerweit weiße Blütenbänder im Spätsommer – an Flüssen, aber auch an Gräben, Straßenrändern und Wegen. Ebenfalls in Bayern im August 2020.
Den ersten Sachalin-Staudenknöterich sah ich auf meiner »Osttour« erst nördlich von Eisenhüttenstadt/Brandenburg, und das auch noch ganz kleingartennah. Den Japanischen Staudenknöterich sah ich nirgends. 2020 längs der Wupper, in Wuppertal nur dieser Bastard, so weit das Auge reicht. Und auch im Bremer Raum passiert eine ganz mysteriöse Verwandlung. Im Hafen findet man den Bastard und nicht mehr den ehemals häufigen Japanischen Staudenknöterich.
So kommt es, dass der »Deutschland-Atlas« die beiden kleinblättrigen Arten einfach zusammenfasst. Das macht einerseits Sinn, andererseits gehen auf diese Weise wichtige Daten unter, wenn man beide bisher artig unterschieden hat. Lange Rede, kurzer Sinn. Wüchsig sind alle, richtig meine Freunde sind sie jedoch nicht, aber man kommt zur Bekämpfung viel zu spät.
Da sie alle bambusartig Unterschlupf für Tiere bilden, vor allem in Städten und dank schwer verrottbarer Sprosse auch im Winter. Da man alle jung als saures und Vitamin-C-reiches Gemüse essen kann, wie Rhabarber oder Spinat. Da sie inzwischen alle wunderbar blühen, Fliegen und Bienen Nahrung bieten und sich zudem im Herbst goldgelb verfärben, gewinne ich diesem Naturphänomen dann doch noch etwas Gutes ab. Außerdem kann man ein Pflanzenstärkungsmittel aus ihnen herstellen (»Milsana«). Und bei dieser Üppigkeit sind sie als Energiepflanzen zunehmend im Gespräch.
Und ob sich diese Knöteriche nun gegenseitig das Leben schwer machen oder fast überall mit Brennnesseln, Brombeeren, Hopfen, Ketten-Labkraut, Kratzbeere, Rohr-Glanzgras, Schilf, jungen Weiden oder mit einem weiteren Neophyten, dem Drüsigen Springkraut, duellieren – da ist doch keiner besser als der andere.
An Rhein und Ruhr zum Beispiel oder auch an Kanälen wuchs vorher überhaupt nichts oder nichts mehr. Vor allem Agrarfabriken haben diese Entwicklung gefördert, die weiter fortschreitende Überdüngung unserer Landschaften, die ständigen Bau- und Bodenbewegungen taten ihr Übriges, der Mensch mit seinen

Der Bastard-Staudenknöterich mit seinen weißen Blüten ist ein Hybride und breitet sich üppig aus.

Gartenabfällen überall. Denn zuerst waren alle bloß Zierpflanzen, Schaupflanzen in Botanischen Gärten, bis man ihrer schnell überdrüssig wurde. Nur so gelangten sie aus dem Fernen Osten zu uns, nur so konnte ihr Siegeszug in unsere Landschaften starten.
Und was man nun dagegen tun kann? An der Neiße zwischen Görlitz/Sachsen und Ratzdorf/Brandenburg schien mir regelmäßiges und tief bis auf den Boden reichendes Mähen ein Teilerfolg.
Während auf polnischer Seite alles hemmungslos zugewuchert war, galt das nicht für die westliche Seite. Nutzungsaufgabe fördert diese Gattung also sicherlich, Beschattung hindert leider aufgrund dieser jetzt so heißen Sommer kaum noch. Auch kann das Abdecken mit dickeren Gummimatten zwecks Ausdunkelung der Knöteriche ein probates Mittel sein.
Kleinere Bestände an Wegen sollten Förster und Landwirte bekämpfen, auch ich ziehe schon lange immer mal was en passant heraus.
In Naturschutzgebieten sind diese drei Quertreiber rechtzeitig auszubaggern oder auszugraben. An den Flussläufen im Bergland wird man sicher zu spät kommen, und ich gebe hier offen zu – diese drei sind inzwischen echte Problempflanzen, wie es aber tatsächlich nur insgesamt weniger als zehn Neophyten sind.
Zudem laufen erfolgversprechende Versuche, diese Staudenknöteriche als Entgifter bei der Dekontamination verseuchter Industrieflächen zu gewinnen, da sie in erheblichem Maße Schwermetalle aufnehmen können. Also auch hier abwarten und vielleicht etwas mehr Gelassenheit an den Tag legen.

Schlitzblättriger Sonnenhut

Rudbeckia laciniata
Familie der Korbblütler
(Asteraceae)

Wer Ende Juli bis in Bremen Anfang Oktober zur Blütezeit so richtig was hermacht, das ist der aus dem östlichen Nordamerika stammende, bis 3 Meter hohe Schlitzblättrige Sonnenhut (*Rudbeckia laciniata*). Mit diesem wissenschaftlichen Namen ehrte Carl von Linné die schwedische Familie Rudbeck, die in drei Generationen geachtete Botaniker hervorbrachte, unter anderem den Universalgelehrten und Botaniker Olof von Rudbeck (1630 – 1702).
In Deutschland über weite Gebiete völlig fehlend, bildet dieser Schönling mit um die 10 Zentimeter breiten Sonnenblumen unregelmäßig verteilte Kleinareale aus – überwiegend an Flüssen und Strömen mit nährstoffreichem (Brack-)Wasser.
Vor allem in der Lausitz (Spree!, auch an der Neiße), in und um Berlin, in und um Rostock, an der mittleren Saale, in und um Bremen (Weser, Hamme, Wümme, massiv im Bereich der City), in Niedersachsen im Südkreis Cloppenburg oder 2021 ganz frisch etwa zehn Exemplare an der

Foto Seite 50: Mit seinen großen, gelben Blüten ist der Schlitzblättrige Sonnenhut eine Schönheit unter den Einwanderern.

Luhe in Winsen (bei Hamburg). Auch zwischen Main und Donau sowie im Bergischen Land an einigen Talsperren und massenhaft längs der Wupper (»Solinger Gold«, »Wuppertaler Gold«) findet man ihn.
Das hat die frühere Nutzung als Zierpflanze befeuert, in mehreren Sorten ist diese Pflanze noch heute käuflich.
Mit extrem widerstandsfähigen Ausläufern umwächst der Schlitzblättrige Sonnenhut selbst dicke Wackersteine, wurzelt im Kies und Schlick und nimmt es sogar mit Weiden und Erlen auf.
Die bis 40 Zentimeter langen Blätter weisen drei bis elf schlanke Teillappen auf. Dekorativ ist auch der am Ende graue Samenstand, wenn vierkantige, schwimmfähige Samen allmählich abfallen und noch weit ins nächste Frühjahr eine hübsche Spindel verbleibt.
Den Schlitzblättrigen Sonnenhut gibt seit 1650 in Mitteleuropa, seit 1790 in Deutschland und seit 1890 im Bremer Raum, wo er auch unter dem Namen »Bahnwärterpflanze« bekannt ist.
Lokal nimmt er stark zu, auch durch verdriftete Wurzelstöcke. Tatsächlich verdrängt er auch mal andere Pflanzenarten. So leidet ab dem Jahr 2000 an Hamme und Wümme bei Bremen das in Deutschland stark gefährdete Sumpf-Greiskraut sichtlich. Woanders duelliert sich dieser Querulant mit Staudenknöterich-Arten, ebenfalls mit Erfolg.
In Ostsachsen gibt es eine neue Form mit grünen Röhrenblüten an der Großen Röder mit Nebenbächen (»Rödertalblume«).
Junge Blätter und Sprosse kann man zu Eintöpfen, Gemüse und Salaten verwenden. Ein Tee aus den Wurzeln wirkt darm- und magenberuhigend. Umschläge aus den Blüten helfen bei Hautverletzungen.

Lauch-Hellerkraut

Thlaspi alliaceum
Familie der Kreuzblütler *(Brassicaceae)*

Das Lauch-Hellerkraut ist eher selten zu finden. Es blüht von April bis Juni, und man kann es essen.

Kein Affentheater, eher kapriziös-undercover kommt die nächste, in Deutschland kaum bekannte, Pflanze daher – das Lauch-Hellerkraut. An ihr habe ich irgendwie einen Narren gefressen, nicht nur, weil ich sie längs eines Rheinspaziergangs 2019 quer durch Schaffhausen/Schweiz die ganze Zeit für ein monströses Hirtentäschelkraut hielt. Bis ich mir sagte: »Das kann doch nicht wirklich sein, steig doch endlich mal die Steilufer ab, bück dich doch endlich mal!«

Bis zu 70 Zentimeter lang werden die Stängel des Lauch-Hellerkrauts. Häufig am Oberrhein zu finden.

Und tatsächlich, was sich da so schlapp-schlaff vornübergebeugt teils auf Kratzbeere und Wasser-Minze ausruhte, war ein Hellerkraut. Das sich dann aber erst zu Hause als Lauch-Hellerkraut (*Thlaspi alliaceum*) entpuppte.

Da auch Acker-Hellerkraut und Stängelumfassendes Hellerkraut, beide einheimisch, zu meinen Favoriten zählen, muss dieses Hellerkraut einfach ins Buch.

Das Lauch-Hellerkraut wird bis 70 Zentimeter lang, ist kahl, nur unten wenig verzweigt, wie die beiden anderen Hellerkraut-Arten bläulich-weiß bereift und blüht von April bis Juni. Um sich zum Ende immer lang und länger zu machen. Es riecht nach Lauch und ist auch essbar.

Die wie immer dekorativen, verkehrt eiförmigen und oben abgeflachten, bis 0,7 Zentimeter langen Schötchen stehen im 90°-Winkel oder gar leicht abgeschlagen vom hier glatten Stängel ab.

Die Blätter des Lauch-Hellerkrauts sind unten ganz nach Hellerkrautart stängelumfassend, hier bis 6 Zentimeter lang und spitz aufrecht gezähnt. Und oben sind sie dann bis 2 Zentimeter lang gestielt. Das Lauch-Hellerkraut verkehrt nur nahe der Schweizer Grenze am Oberrhein. Dabei ist es vollkommen harmlos, macht nicht viel Aufhebens, legt sich mit keinem an und ist schon Ende Juli wieder verschwunden.

Es ist ein Kalkzeiger, ein Geheimnistuer, Leisetreter, ein eher stiller Genießer unter den Wanderpflanzen.

Elbe-Spitzklette

Xanthium albinum
Famiie der Korbblütler *(Asteraceae)*

Ein auffallender Import vor allem im Spätsommer bis in den Winter hinein an Elbe (seit etwa 1960), Weser und Oder, aber auch unterer Aller, an Havel, unterem Oberrhein und oberer Spree ist die einjährige, bis einen Meter hohe Elbe-Spitzklette (*Xanthium albinum*). Sie kann man seit 1830 in Deutschand beobachten.

Die Schwester zur Elbe-Spitzklette ist seit 1922 die sehr ähnliche Zucker-Spitzklette (*Xanthium saccharatum*) aus Nordamerika – am gesamten Rhein zwischen Bingen und Emmerich sowie an der Mosel ab Trier. Beiden gemein sind stark raue, mehr oder weniger dreieckförmige, grob gesägte Blätter mit langen, oft rötlichen Stielen.

Der Ursprung der Elbe-Spitzklette ist noch nicht wirklich voll geklärt. Die einen sagen, sie stammt aus dem südlichen Kanada, andere sprechen von einer spontanen und plötzlichen Entstehung/Herausbildung an der Elbe mit unbekannten Vorfahren.

Wie dem auch sei, nun ist sie mal da und klotzt statt kleckert an der Elbe vor allem zwischen Riesa und Bleckede. Diese Art der zweiten Jahreshälfte besitzt am Ende knochenharte Kletten mit oben spitzen Enden, im Gegensatz zu den rundlichen Kletten der echten Kletten (*Arctium*). Die Kletten der Elbe-Spitzklette sind extrem widerstands- und zudem auch noch schwimmfähig, sodass ihr an Ufern Tür und Tor geöffnet sind. Auch kurzzeitige Verschleppungen in Müll- und Sandgruben, auf Bauernhöfen und Komposten, an Straßen und Wegen kommen vor.

Besiedelt werden trockene bis kurzzeitig überschwemmte, nährstoff- und gerne basenreiche Sandböden in sonnigen bis richtig schattigen Lagen. Sie wandert also auch in die Auenwälder, gefördert durch Weidetiere.

Von August bis Oktober bringt sie stängelnahe Knäuel von gelblichen bis grünen Blüten hervor. Im Laufe des Sommers und des Herbstes kann man an der Mittelelbe genau die ehemaligen Wasserstände ablesen.

Im Oktober wachsen dann unten oft über Wasser reifende Spitz-Kletten, die ganz oben kamen nie über das Blattstadium hinweg. Also ein Legionär mit Ausdauer, mit Biss, mit Karacho, mit Starrsinn.

Oft bringe ich unbeabsichtigt so ein Souvenir von Flussabenteuern mit – am Pullover, am Hosenbein, an Schnürbändern oder am Socken hat mich noch immer eine dieser Spitzkletten irgendwo spitzgekriegt: diese Elbe-Spitzklette überwiegend mit nähnadelartig geraden Hülldornen, die Zucker-Spitzklette mit häkelnadelartig krummen Hülldornen.

Die gesamte Pflanze kann später intensiv rötlich leuchten, insbesondere die dann reifenden Kletten. Bei Landwirten ist die Elbe-Spitzklette ein besonders unbeliebter Einwanderer, denn kein Tier frisst diese dornenbesetzte Neuerscheinung.

Übrigens heißt lateinisch *xanthos* übersetzt »gelb«. Ein Hinweis auf die frühere Nutzung der Elbe-Spitzklette als Färbepflanze.

Die Elbe-Spitzklette bildet sehr widerstandsfähige Kletten mit nähnadelartigen Hülldornen aus.

AN UND IN BÄCHEN

VON DER KANADISCHEN WASSERPEST BIS ZUR GEFLECKTEN GAUKLERBLUME

Bei Neophyten wenig beliebt

Erstaunlicherweise lassen sich nicht viele Neophyten bevorzugt mit unseren Bächen ein. Begrenzende Faktoren dürften der Schatten im verhältnismäßig artengesättigten Wald, eine höhere Fließgeschwindigkeit insbesondere der Oberläufe, ein zu nasser Boden angrenzend in Senken und Sümpfen sowie Beweidung und/oder Mahd in unmittelbarer Umgebung sein. Natürlich sind auch hier die drei Staudenknöterich-Arten und das Drüsige Springkraut längst angekommen, wächst an ausgehagerten Stellen im Wald auch das Kleinblütige Springkraut selbst an naturnahen Bächen. Einziger echter neuer Hydrophyt (Wasserpflanze) mit nennenswerten Anteilen in Deutschland ist die Kanadische Wasserpest.
Unsere häufig von Bäumen beschatteten und schnell bis sehr schnell fließenden Bäche sind für die oft wärmeliebenden Neulinge nur schwer einnehmbares Terrain. Hinzu kommen rasch wechselnde Wasserstände. Insgesamt herrscht hier eine hohe Dynamik, die ja selbst für einheimische Gewächse eine hohe Hürde darstellt. Insofern ist dies ein Lebensraum, der auch in Zukunft selten bis nicht weiter erobert werden wird. Zumal hohe Luftfeuchte sowie ein kühles Fluidum selbst in zunehmend heißen Sommern begrenzend wirken. Selbst bei Arten mit schwimmfähigen Samen ist nie sicher, wo sie anlanden werden. Das haben an Bachufern bisher auch Gefleckte Gauklerblume (→ Seite 59), Riesen-Bärenklau (→ Seite 56) und Drüsiges Springkraut geschafft (→ Seite 44)!

Fast einen Meter breit sind die Dolden des Riesen-Bärenklaus mit ihren weißen Blüten.

Kanadische Wasserpest

Diese Art aus Nordamerika (seit 1859, massive Ausbreitung erst ab etwa 1880) ist vermutlich von Aquarianern sozusagen mit dem Bade ausgeschüttet worden und hat seitdem bis auf die höchsten Gebirgslagen ganz Deutschland überrannt.
Es scheint aber schon seit einigen Jahrzehnten so, dass die auf dem ersten Blick mit dem Froschbiss überhaupt keine Ähnlichkeit aufweisende, zumeist wintergrüne Pflanze ihren Höhepunkt überschritten hat. Denn sie geht an vielen Stellen wieder zurück – übrigens ein Beispiel für einen Neophyten, den man nicht vorschnell beurteilen, geschweige denn verurteilen sollte. Diese bis in 4 Meter Tiefe komplett unter Wasser wachsende dunkelgrüne Kanadische Wasserpest (*Elodea canadensis*) besitzt 30 bis 300 Zentimeter lange Sprosse, an denen zahlreiche, meist dreiteilige Battquirle drapiert sind. Ihre Blätter sind gut einen Zentimeter lang und vorne abgerundet mit kurzer Spitze.
Neben klaren und auch schnell fließenden Bächen kommt die Kanadische Wasserpest auch in Flüssen, in Kanälen und in allen Arten von Stillgewässern vor. Der Durchbruch gelang ihr aber vor allem an Bächen, gerne auch angestaut. Beim regelmäßigen Ablassen von Fischteichen gelangen dann immer wieder große Teile davon in unsere aquatischen Systeme. Zumindest in Stillgewässern und Gräben in den Küstengebieten sowie im

Elodea canadensis
Familie der Froschbissgewächse
(Hydrocharitaceae)

Bereich der großen Stromtäler (Aller, Ems, Rhein, Weser) unterliegt die Kanadische Wasserpest, die in Deutschand erstaunlicherweise bis auf sehr wenige Ausnahmen nur weibliche Blüten zustande bringt, seit etwa 20 Jahren der ähnlichen Nuttalls Wasserpest (*Elodea nuttallii*).
Letztere liebt aber eher trübes, nährstoff- und basenreicheres bis hin zu verschmutztes, schneller erwärmtes Wasser. Auch sie stammt aus Nordamerika, kam aber erst 1961 nach Europa. Ihre Blätter sind schmaler (»Schmalblättrige Wasserpest«), deutlich länger und vorne zugespitzt, oft zudem rundbogenartig bis spiralig verdreht.
Beide Arten begegnen sich in Bächen und Teichen im Bergland kaum bis gar nicht. *Elodea canadensis* ist eine immer noch unterschätzte Pflanze, denn sie hat Bedeutung als Sauerstoffproduzent und Laichplatz für Fische, Biotop von Wasserkäfern und Wasserschnecken. Die Biomasse kann auch als eiweiß- und stärkereiches Viehfutter verwendet werden. Der Name »Wasserpest« wird dem Berliner Botaniker Ascherson zugeschrieben (1864), der schon früh ihre Expansion beobachtete.
Seit 1836 in Europa (Irland), dann über Schottland (1841) in den Berliner Botanischen Garten gelangt (1854). Ausbreitung durch Sprossstücke, Wasservögel und weiterhin durch den Menschen (Bagger).

Die Kanadische Wasserpest wächst bis zu 4 Meter tief komplett unter Wasser.

Riesen-Bärenklau

Heracleum mantegazzianum
Familie der Doldenblütler *(Apiaceae)*

So ziemlich in aller Munde ist der vor allem seit 1980 expansive Riesen-Bärenklau (*Heracleum mantegazzianum*), auch Herkulesstaude genannt. Dabei ist er keine Staude, sondern trotz einer Höhe bis über 4 Meter ein Therophyt: einjährig, einjährig überwinternd, ungestört nur ein Mal blühend. Einprägsam neben der Höhe – die am höchsten wachsende krautige Pflanze Deutschlands – sind die riesigen, ebenfalls behaarten, grob geschlitzten Blätter und die fast einen Meter breiten Dolden mit von Juni bis Oktober weißen Blüten.
Nach der Mahd versucht dieser Neophyt aus dem Kaukasus noch lange immer wieder zu blühen, zuletzt noch 20 Zentimeter über dem Boden.

Im Bergland werden ganze Bachläufe weiß von dieser Pflanze, die Samen sind zudem schwimmfähig. Die borstig behaarten, hohlen, oft gefleckten oder gepunkteten Stängel können über dem Boden bis 10 Zentimeter breit werden. In Verruf geraten sind sie durch die phototoxische Wirkung ihres Pflanzensaftes, vor allem in Kombination mit ungehinderter Sonneneinstrahlung.

Bei Menschen, die zu einem empfindlichen Hauttyp gehören, kommt es bei Berührung zu Reizungen und beulenartigen Schwellungen bis hin zu schweren Verbrennungen durch Furanocumarine. Diese setzen beim Menschen den Lichtschutzfaktor der Haut herab. Nach Berührung mit dem Pflanzensaft sollte man sich deshalb abwaschen und vor Licht schützen bzw. Sunblocker auftragen.

Ich selbst habe diese Auswirkungen glücklicherweise noch nie zu spüren bekommen, wohl aber sehr begrenzt beim kleineren Wiesen-Bärenklau (*Heracleum sphondylium*). Er ist im Gegensatz zum Riesen-Bärenklau in Europa heimisch und erreicht eine Wuchshöhe von »nur« bis zu 1,5 Metern.

Die etwa 3 Zentimeter große Blüte der Gefleckten Gauklerblume hat eine rot gepunktete Unterlippe.

Der Riesen-Bärenklau, diese imposante Fliegen- und Schmetterlingsblume, wächst auch noch an Flüssen, Gräben und Kanälen, an Autobahnen und Bundesstraßen, auf Brachen, Komposten, in lichten Wäldern und in Feuchtgebüschen – noch immer auch aus Gärten verwildernd. Mein Vater hängte noch bis weit in die 1970er-Jahre im Esszimmer voller stolz vertrocknete Riesendolden des Riesen-Bärenklaus als Tapetenschmuck auf. Eine Doppeldolde aus bis zu 150 Döldchen. Er ist ein Überdüngungsanzeiger für mäßig feuchte und nährstoffreiche Böden.

Zur Bekämpfung dieses imposanten Einwanderers braucht man einen langen Atem. Einhegen lässt er sich – am besten ausgerüstet mit Schutzkleidung inklusive Handschuhen – durch Ausgrabung und Abdeckung mit Folie. Auch große Bestände, etwa im Großraum Hannover, hat man so eliminiert. In Deutschland ist der Riesen-Bärenklau sicher eine der wenigen Problempflanzen.

Passt man aber ein wenig auf und besitzt das entsprechende Wissen über die Ausbreitung und Eindämmung der Art, kann eigentlich nichts passieren. Ärgerlich ist jedoch, dass unsere Straßenmeistereien den Riesen-Bärenklau an Autobahnen und Bundesstraßen immer noch nicht wirklich eindämmen. Regelmäßig kommt es hier weiterhin zu vermeidbaren Aussaaten auf langen Streckenabschnitten.

Foto Seite 57: Der Riesen-Bärenklau wird über 4 Meter hoch – der größte Vertreter unter den krautigen Pflanzen.

Gefleckte Gauklerblume

Mimulus guttatus
Familie der Rachenblütler *(Scrophulariaceae)*

Was Feines ist doch immer ein Tête-à-Tête mit der ausdauernden Gefleckten bzw. Gelben Gauklerblume (*Mimulus guttatus*), einer brillanten Pflanze mit oberirdischen Ausläufern aus dem Westen der USA (seit 1824, nach anderen Quellen 1815).
Die meist 30 bis 60 Zentimeter hohe, überwiegend kahle, dunkelgelbe Schönheit mit den spärlich rot gepunkteten Unterlippen ist an Bächen und Teichen im Erzgebirge (auch auf tschechischer Seite), in der Sächsischen Schweiz, im Thüringer Wald sowie im Schwarzwald richtig häufig. Im Norddeutschen Tiefland tut sie sich trotz immer wieder zu beobachtenden Anpflanzungen schwer. Hier habe ich sie nur im Raum Bremen, Hamburg und nördlich von Celle gesehen.
Schon die stark gesägten, eiförmigen, runzeligen Grundblätter geben richtig was her. Die wulstigen, um 3 Zentimeter großen Blüten erscheinen von Juli bis September. Ein dekorativer Halblicht-, Lehm-, Nässe- und Säurezeiger an Bächen, Flüssen, Quellen und Stillgewässern.
In der Natur ist die Gefleckte Gauklerblume ohne verdrängende Wirkung. Als Pionierpflanze auch teilweise nur unbeständig.
1996 zum Beispiel war die Gefleckte Gauklerblume in großer Zahl an der tidebeeinflussten Hunte unterhalb der Stadt Oldenburg zu finden. Heute ist sie dort praktisch wieder verschwunden.
Sehr viel seltener ist die stark behaarte Moschus-Gauklerblume (*Mimulus moschatus*) mit kleineren Blüten und niedrigem Wuchs. Sie stammt ebenfalls aus dem westlichen Nordamerika und hält sich in Sachsen, im Schwarzwald, im Pfälzer Wald und im Landkreis Celle (Niedersachsen).
Sowohl die Gefleckte Gauklerblume als auch die Moschus-Gauklerblume sind frühere Zierpflanzen. Sie wurden auch züchterisch verändert und können nach Ausbringung an Zierteichen mit Kies und Lehm regelrecht wuchern, oft aber nur kurzzeitig.

Die Gefleckte Gauklerblume wird in der Bachblüten-Therapie gegen Angstzustände eingesetzt.

AN SEEN UND TEICHEN

VOM NADELKRAUT BIS ZUM NORWEGISCHEN FINGERKRAUT

Ihr Element ist das Wasser

Auch Seen und Teiche versprechen immer wieder Neuankömmlinge, vor allem im Kontakt zu Dörfern und Städten, wenn sie in den großen Stromniederungen liegen oder aus alten Abbaugebieten hervorgegangen sind. So richtige Spezialisten aus anderer Herren Länder haben sich hier aber kaum eingenischt, oder sie sind nur von vorübergehender Natur. Etwa durch Bodenablagerungen, im Zuge von Bodenentnahmen oder durch gezielte Anpflanzungen.

Ein aufstrebender Neophyt in Seen und Teichen soll hier jedoch wenigstens kurz genannt werden, die Schmalblättrige oder Nuttalls Wasserpest (*Elodea nuttallii*) aus Kanada und den USA. Da aber die häufigere Kanadische Wasserpest (*Elodea canadensis*) vorher schon bemüht wurde (→ Seite 55), es möglichst nicht mehrere Neophyten einer Gattung geben soll, um in diesem Buch möglichst viele Gattungen zu berücksichtigen, entfällt an dieser Stelle diese »Zwillingsart«.

Weitere plantare Neuheiten außerhalb des Wassers werden unter den Sand- und Tongruben abgehandelt (→ ab Seite 160). Ein allererstes Erlebnis hatte ich im August 2021 an einem abgelegenen Hochmoorsee. Ein alter Freund konnte mir im Kreis Celle die noch sehr seltene Braune Schlauchpflanze (*Sarracenia purpurea*) aus den USA zu Gemüte führen. Ausgestattet mit seltsam reagenzglasförmigen, dicken Blättern, in denen sich Regenwasser sammelte, waren Blüten Fehlanzeige.

In und an krautreichen Seen und Teichen können Wasservögel von weit her Neophyten einbringen.

Nadelkraut

Crassula helmsii
Familie der Dickblattgewächse
(Crassulaceae)

Eingebürgerte Neophyten gar aus dem fernen Australien und Neuseeland sind in Deutschland nicht die Normalität. Genau von dort kommt die nächste Pflanze her, mit immer noch geringem Bekanntheitsgrad: das ausdauernde Nadelkraut (*Crassula helmsii*) mit seinen eminent fleißigen Kriechtrieben.
Das Nadelkraut ist erst seit 1981 in Deutschland, seit 1986 beispielsweise in Niedersachsen, und gelangte in erster Linie über Aquarien und Gartentümpel in die Natur.
Der Name dieses Einwanderers, der so auf viele Pflanzen zutreffen könnte, entpuppt sich hier aber als besonders zutreffend: ein eher unscheinbares Gewächs mit zahlreichen feinen, meist um einen Zentimeter langen Blättern, die unten am Spross abgerundet und oben zugespitzt sind.
Dieser Neubürger wird nur bis 5 Zentimeter hoch, aber bis 30 Zentimeter lang. Er kann sowohl im Wasser fluten als auch in dichten Teppichen kurzzeitig trocken fallen.
Das Nadelkraut wächst auf Kies-, Sand- und Schlammböden, aber es muss immer nährstoffreich und sonnig sein. Sogar kurzzeitige Beweidung erträgt diese vor allem auch durch Wasservögel verschleppte Art.
Fehlt allerdings die Sonne, findet man kaum die vierteiligen, winzigen, rötlich-weißen bis grünlich-weißen Blüten.

Geht es ihm zu gut, dann kann das Nadelkraut innerhalb kurzer Zeit große Flächen erobern und überwuchert dann viele der übrigen, oft wertvollen Winzlinge – vor. Vor allem an und in flachen Tümpeln und Teichen mit wechselnden Wasserständen.
An großen Seen und in Gräben habe ich das Nadelkraut aber bisher noch nicht gesehen. Es ist eine frostempfindliche Pflanzenart, daher vor allem in Nord- und Nordwestdeutschland eingebürgert.
In Deutschland auf Sylt, Amrum, um Bremen, in Friesland, Ostfriesland – massenhaft in Weihern auf Norderney, in alten Sandgruben bei Friesoythe (Kreis Cloppenburg) zu beobachten. Eine durch den anhaltenden Klimawandel vermutlich aber noch weiterkommende Art, die jedoch durchaus plötzlich aus unbekanntem Grund auch mal wieder verschwinden kann.
Das Nadelkraut gehört zur Familie der Dickblattgewächse (lat. *crassus* = dick), dessen lateinischer Name sich jedoch viel eher auf Mitstreiter dieser Familie bezieht – den Fetthennen, Hauswurzen und Mauerpfeffern.

An nährstoffreichen, sonnigen Standorten kann das Nadelkraut schnell große Flächen erobern.

Zierliche Wasserlinse

Lemna minuta
Familie der Wasserlinsengewächse *(Lemnaceae)*

Unerwartet haarig kann es unter den Wasserlinsengewächsen zugehen. Einmal, weil fast alle sehr klein sind – auch hierunter haben sich inzwischen mehrere Neophyten eingeschlichen. Und hatte man schon immer Mühe, in einem Gewässer allen Linsen überhaupt habhaft zu werden, muss man heute tatsächlich jeden Euro, ähm, jede Linse zweimal umdrehen.
Neben der Zierlichen Wasserlinse haben sich bei uns zudem auch die Rote Wasserlinse und die Kolumbianische Zwergwasserlinse und kürzlich auch noch die Kugelige Zwergwasserlinse neu eingestellt – in der Summe alle vier erst in den vergangenen gut fünfzig Jahren.
Die Zierliche Wasserlinse (*Lemna minuta*) ist dabei bei Weitem nicht die Zierlichste, heißt aber so. Im ersten Draufschauen hält man sie für die deutlich häufigere Kleine Wasserlinse (*Lemna minor*), dem bekannten »Entenflott«, der Entengrütze – aber denkste.

Foto Seite 63: Die Linse der bleichgrünen Zierlichen Wasserlinse ist nur 1,5 Millimeter lang.

Vor allem später im Herbst, sogar bis in den Winter hinein macht die Zierliche Wasserlinse von sich reden, denn sie taucht von allen Linsenarten am spätesten ab.
In Bremen und Umgebung gibt es in den letzten Jahren mindestens zwanzig neue Wuchsorte, die mir vorher gar nicht aufgefallen sind. In Deutschland ganz überwiegend in der Westhälfte etabliert, etwa auf voller Länge des Rheintals von Lörrach bis Emmerich – bis auf den Abschnitt in Rheinland-Pfalz, wohl wegen fehlender Altwässer. Aber auch an Erft und Rur, an Bodensee und Main, im Saar- und Moseltal (2016 bei Schengen!), um Kiel und im Oldenburger Münsterland (Dümmer).
Im Osten findet man die Zierliche Wasserlinse nur spärlich um Berlin, hier aber aufgrund kälterer Winter nur unbeständig. 1973 wurde sie erstmals in Deutschland entdeckt, vermutlich in einem Bereich mit geringer Frostgefahr.
Die schattenertragende Linse ist nur bis 1,5 Millimeter lang. Die Kleine Wasserlinse wird doppelt so lang.
Die Farbe der Zierlichen Wasserlinse ist bleichgrün, die Linse auf der Mitte von einem flachen Nerv gekielt, die Oberfläche oft leicht glänzend. Sie kann die Ökologie des besiedelten Gewässers beeinflussen, indem sie auf der Wasseroberfläche durch Massenproduktion Matten bildet, die das Eindringen von Sonnenlicht und den Sauerstoffaustausch reduzieren. Dies verursachen aber auch einheimische Vertreter, wie etwa Gelbe Teichrose und Froschbiss.
Die Zierliche Wasserlinse verbreitet sich gerne in Gräben, Teichen, geschützten Buchten von Seen und in Buchten langsam fließender Ströme, die durch Gänse und Schwäne eine reichliche Nährstoffzufuhr erhalten.
Vermutlich ist die Zierliche Wasserlinse wie auch viele andere Wasserpflanzen unterkartiert. Aber wer klappert schon systematisch alle Wasserlinsendecken an den jeweiligen Gewässern ab?

Das Norwegische Fingerkraut wächst auch auf Bahn- und Industriegelände.

Norwegisches Fingerkraut

Eher wie eine pflanzliche Sphinx kommt das extrem verwechslungsträchtige Norwegische Fingerkraut (*Potentilla norvegica*) daher. In dieser artenreichen Gattung gibt es etwa 500 Vertreter weltweit.

Potentilla norvegica
Familie der Rosengewächse *(Rosaceae)*

Wie der lateinische Name schon vermuten lässt, kommt das Norwegische Fingerkraut aus Nord- und Nordosteuropa bis Nordasien und ist seit 1852 im Land (nach anderen Quellen seit 1880). Es besitzt in Deutschland ein erstaunlich aufgesplittertes Areal. »Disjunkt« sagen wir dazu, was so viel bedeutet wie versprengt in zahlreiche kleinere Bestände.

Möglicherweise hängt es aber auch damit zusammen, dass nicht überall auf dieses interessante Rosengewächs geachtet wurde, die Karte also nur Aktivitäten weniger Kartierer widerspiegelt.

Potentilla norvegica besitzt eine weite Standortamplitude, also Lebensbedingungen, innerhalb der die Pflanze zu gedeihen vermag. Denn als ein- und zweijährige bis ausdauernde Pionierpflanze besiedelt das Norwegische Fingerkraut nicht nur Ufer und den Grund abgelassener Fischteiche, sondern auch alte Bahnflächen, Brachen, Militärgelände, Pflasterbeläge, aufgelassene Sandgruben, Graben- und Wegränder.

Der Standort darf nicht prall besonnt sein, gerne hat das Fingerkraut Pfützen oder auch verdichtete Böden neben oder unter sich.

Die stets dunkelgrünen, nie Ausläufer treibenden, fast komplett behaarten Individuen (Blätter, Kelche, Stängel) mit öfter rötlichen Stängeln werden 15 bis 50 Zentimeter lang bzw. eher breit.

Die Grundblätter sind gefingert dreiteilig, lang gestielt und randlich stark gesägt. Am Stängel sind sie unten ebenfalls gestielt, sind dann deutlich schmaler, aber immer noch zu dritt platziert.

Die bis einen Zentimeter großen, gelben Blüten fallen eher in der Menge auf als durch ihre Leuchtkraft, was an vielen, knapp über die Blütenblätter herausragenden Kelchblättern liegt.

Das Markenzeichen des Norwegischen Fingerkrauts sind die sich nicht berührenden Blütenblätter und später aufrechten Fruchtstiele.

Auch gerne gesellig auftretend, mag dieser Eindringling kalkarme, mäßig nährstoffreiche, sandige oder reine Lehm- und Tonböden. Durch den Menschen stark gefördert, selten in Flutmulden von Wiesen und Weiden.

Auf stark vom Menschen geprägten Sonderflächen wie Industriegebieten, Bahn- und Hafenanlagen sowie in Sandgruben, in der Umgebung von Schutt-Recyclinganlagen finden sich auch die Neophyten Mittleres und Graues Fingerkraut sowie in Deutschland an Böschungen auch öfter angesät Aufrechtes bzw. Hohes Fingerkraut. Letzteres besitzt die ansehnlichsten Blüten und bis zu sieben dekorative Teilblätter.

Hoch erfreut war ich 2019, als ich in alten Werkbahngleisen von Riesa (Nordsachsen) auch das Zweifurchige Fingerkraut (*Potentilla bifurca*) fand, welches es selbst in China zwischen 400 und 4000 Metern Höhe sehr weit gebracht hat. Dieses Fingerkraut musste mir sogar erst jemand aus dem Weltweiten Netz bestimmen, so selten ist es wild wachsend hier in Deutschland. In Riesa zeigt es dabei überhaupt keine Angst und legte sich auch 2020 und 2021 selbst mit so unwiderstehlichen Gesellen an wie Acker-Winde, Glatthafer und dem Kriechenden Fingerkraut.

AN KANÄLEN

VOM INDISCHEN KALMUS

Beliebte Neophyten-Treffpunkte

Auch die insgesamt 1900 Kilometer langen Kanäle in Deutschland sind Refugien für Wanderpflanzen. Verantwortlich für die Ansiedlung sind neben dem Schiffsverkehr außerdem Brücken, Kanalhäfen, Wendebecken, Querungen von Flüssen/Strömen sowie hier immer wiederkehrende Ausbesserungs- und Baumaßnahmen. Oft von Wegen begleitet, durchziehen oder tangieren sie auf ihrem Weg Dörfer und Städte, große Gartenanlagen grenzen oft an.

Also wieder gehen die Ausgangs- und Verbreitungslinien von Gartenabfällen und von Aktivitäten in Industriegebieten aus. Ich habe mal Pflanzenartenlisten vom 326 Kilometer langen Mittellandkanal (nur Niedersachsen) und vom Elbe-Seitenkanal im Osten von Niedersachsen erstellt. 30 Prozent aller Arten am Mittellandkanal sind Neophyten, die meisten sind allerdings unbeständig.

Am Elbe-Seitenkanal, der fast nur im Ländlichen verläuft, liegt die Zahl der Neubürger nur unwesentlich darunter. Auch Dortmund-Ems-Kanal, der Wesel-Datteln-Kanal, die vielen Kanäle in Ostdeutschland, selbst Augustfehn-, Küsten- und Ems-Jade-Kanal in Nordwestdeutschland sind Neophyten-Treffpunkte.

So glühte der Großefehnkanal 2004 im fernen Ostfriesland völlig überraschend auf weiten Strecken purpurrot vom Einschleicher Großer Algenfarn (*Azolla filiculoides*), danach aber nicht wieder. Den Großen Algen-

An einem tidebeeinflussten Kanal in Niedersachsen wächst die einheimische Arznei-Engelwurz.

farn stelle ich Ihnen bei den Gräben auf Seite 71 vor. Kanäle sind jedoch wichtige Wanderstrecken für regionale oder lokale Neubürger.

So schleichen sich längs der Kanäle, sogar von Kanal zu Kanal etwa in Nordwestdeutschland einheimische Pflanzen von West nach Ost und von Süden nach Norden: Arznei-Engelwurz, Dreifinger-Steinbrech, Gewöhnliche Pestwurz, Grünliche Gelbsegge, Hain-Segge, Rispen-Segge oder (ehemalige) Seltenheiten wie Straußblütiger Gilbweiderich, Sumpf-Dreizack, Sumpf-Gänsedistel sowie hier vermutlich durch Sporenanflug zahlreiche ungewöhnliche Farnarten – unter anderem Mauerraute, Nördlicher Streifenfarn, Braunstieliger Streifenfarn, sogar der hier superseltene Milzfarn (*Asplenium ceterach*).

Letzterer, also der Milzfarn, besitzt am Elbe-Seitenkanal nordöstlich von Lüneburg momentan sein nördlichstes Vorkommen auf dem gesamten europäischen Festland! Jedes Jahr bin ich hier zur Stelle, eine der größten plantaren Errungenschaften meiner vielen Erkundungen, die ich schon vielen Leuten gezeigt habe. Steif aufrecht auf einem Klappfahrrad stehend, erkannte ich ihn 2012 beim Abfahren der langen Uferböschungen. Erst waren es nur sieben Milzfarne, inzwischen sind es regelmäßig um 50 Stück. Mit Kanalwasser gieße ich den sogar im Sommer! Auf Mallorca ist er ganz häufig, aber hier? Hätte niemand mit gerechnet! Er gibt sich wie ein Neophyt – ist für ganz Deutschland keiner, denn am Main, an Rhein und Mosel, im Südwesten, da ist er häufiger.

Indischer Kalmus

Acorus calamus
Familie der Kalmusgewächse *(Acoraceae)*

Einer unserer erfolgreichsten Neophyten ist der irgendwie aalglatte, bis 1,2 Meter hohe Kalmus (*Acorus calamus*), der tatsächlich das Wasser liebt. Weltweit gibt es nur zwei Kalmus-Arten, einer ist jetzt auch bei uns in Deutschland, und zwar seit dem 16. Jahrhundert.
Aus Indien und Südostasien stammt der Indische Kalmus, demzufolge meidet er hohe Gebirgslagen, Moore und reine Sandgebiete. Aber nährstoffreiche, gern schlickig-rutschige Ufer von Gräben, Flüssen, Seen (Altwässern), Teichen und vor allem von Kanälen, die mag er sehr.
Im Kanalufergestein besiedelt er gerne vorderste Fronten und erträgt auch den Wellenschlag der Schiffe. Im auch trüben, kalkreichen, leicht salzhaltigen Wasser bis zu einer Tiefe von 50 Zentimetern.
Selbst im nassen bis sumpfigen Grünland findet man ihn, mit seinen schwertförmigen Blättern ganz vereinzelt bis in Auen zu kompakten Kalmus-Röhrichten. Mit seinen kräftigen Rhizomen am ehesten auf Lehm und Ton sowie in voller Sonne. Rinder verschmähen ihn komplett. Doch was die nicht mögen, das mag ich ganz besonders.
Der Indische Kalmus verströmt zerrieben einen einmalig aromatischen Duft. So was Erfrischendes! Durch ätherische Öle duftet es intensiv nach Apfelsine oder nach meinen immer noch bevorzugten Gummibärchen. Sogleich kommen Hunger, aber auch Durst nach einer Orangenlimonade auf, selbst dann, wenn er schon vertrocknet und nur noch schlapp in meinen Hosentaschen liegt ...
Leider blüht dieser Kalmus mit seinen schlank-steifen Kolben selten im Juni bis Juli, fruchten tut er bei uns nie. Hat er ja auch gar nicht nötig, seine unduldsamen Ausläufer erledigen das schon von ganz alleine.
An den Plothener Teichen im Osten von Thüringen sah ich 2017 einmal massenhaft blühenden Indischen Kalmus. In Bremen habe ich das noch nie beobachtet.
Die steifen, hellgrünen, bis 3 Zentimeter breiten Blätter sind am Rand oft typisch gewellt und weisen auf gesamter Länge in der Mitte eine erhabene Rippe auf. Also ein ganz eindeutiges Gewächs, dessen Blätter schon bei leichtem Wind in der Sonne glänzend wedeln.
Und der Kalmus, der kann viel: Von Anfang an und bis heute hat man daraus Arznei und Likör hergestellt (»Deutscher Ingwer«). Schon den Römern war dieses eigenartige Gewächs bekannt.
Als Parfüm (Seife), Tee, als appetitanregendes, Zahnschmerzen linderndes Mittel sowie jung als Gemüse in Gebrauch. Also unbedingt eine Bereicherung für unser Leben.

Foto Seite 69: Der Fruchtstand des Kalmus sieht wie ein stabförmiges Reibeisen aus.

AN UND AUF GRÄBEN

VOM GROSSEN ALGENFARN UND ORIENTALISCHEN ZACKENSCHÖTCHEN

Gräben – Verbindungsglieder zu Gewässern

Die zahllosen Gräben, mit oder ohne Wasser, zogen schon immer zahllose Neubürger an, vor allem im Kontext zu anderen und benachbarten Lebensräumen.

Als wichtige Verbindungsglieder zu übrigen stehenden und fließenden Gewässern, benachbarten Sümpfen und Nasswäldern kommt Gräben in unserer Kulturlandschaft zwecks Vernetzung eine hohe natürliche Bedeutung zu. So auch für viele Immigranten, die auf diese Weise inzwischen auch in und an vielen anderen Biotopen Fuß fassen konnten.

Ein darunter in entsprechenden Fachkreisen bekannter Neubürger ist das inzwischen extrem ausbreitungsfreudige Drüsige Weidenröschen (*Epilobium ciliatum*), eigentlich ein Muss für dieses Buch.

Aber kaum eine Gattung ist so schwierig, selbst für absolute Profis, dass ich auf diese Art hier verzichtet habe. Das Drüsige Weidenröschen ist leicht verwechslungsträchtig, auch nicht besonders attraktiv und bastardiert zudem wie viele andere Weidenröschen mit anderen Arten auf gleichen oder ähnlichen Standorten.

Daher an dieser Stelle nicht diese seit 1927 in Deutschland existierende und seit 1950 explodierende Spezies. Dazu kommt, dass die Qual der Wahl an Neophyten auf gerade diesem Gebiet viel zu groß ist!

Schon aus großer Entfernung ist im Juni das Orientalische Zackenschötchen zu erkennen.

Großer Algenfarn

Azolla filiculoides
Familie der Algenfarngewächse
(Azollaceae)

Ein besonderes Ereignis ist im Oktober/November eine Bereisung des Bremer Grünlandgürtels, am besten dann per Rad oder zu Fuß. Aus der Stadt kommend über die Hemmstraße oder über Kuhsiel, fallen dann schon von Weitem zahlreiche nährstoffreiche Gräben bis zum Fluss Wümme auf, die von einer eigenartig lachsrosa bis braunroten Intensivfarbe bestimmt sind.

Die Gräben sind randvoll mit Großem Algenfarn (*Azolla filiculoides*). Oder wer 2020 achtsam – ebenfalls am besten zu Fuß – längs der Oder unterwegs war, etwa in Ratzdorf, unterhalb von Lebus oder um Eisenhüttenstadt, der/dem muss dieser seit 1870 eingebüxte, aber vielerorts auch noch unbeständige Schwimmfarn aufgefallen sein. Flächig überzogene Kleingewässer, Tümpel, kleine Gräben, vereinzelt auch am Rand der Oder treidelnd. Überall hier auch bereits im September mit dieser intensiven Signalfarbe. In dicken Watten bleibt dann kein Auge trocken, alles wird unter ihm ausgedunkelt.

Selbst der ebenfalls längs der Oder in Massen aufkommende, viel größere, hier aber heimische, ehemals seltene Schwimmfarn *(Salvinia natans)* könnte dabei unter die Räder kommen. Auch an der Mittelelbe, auf und an der Aller, um Wolfsburg, wie erwähnt auf dem Großefehnkanal in Ostfriesland hat es schon solche Massenaufstände vom Großen Algenfarn

Von September bis November verfärben sich Gewässer lachsrosa mit dem Großen Algenfarn.

gegeben. Zudem in Hamburg, an der Donau, an Spree, an anhaltinischer Elbe kommt er allmählich in die Gänge.
Wärme- und nährstoffliebend, wie er ist, spielt ihm der Klimawandel mit hohen Temperaturen noch spät im Sommer und Herbst voll in die Karten. Ehemals frostempfindlich schiebt er sich also immer weiter nach Osten und ist hier auf Verbreitungskarten an Oder und Neiße noch gar nicht verzeichnet.
Im Rheintal wächst der große Algenfarn am Niederrhein, seit Längerem schon regelmäßig zwischen Kaiserstuhl und Nahemündung.
Dieses attraktive Unikum – an dem das Wasser sofort abperlt, wenn es ins Wasser geworfen wird, findet sofort die richtige Oberlage.
Es wird mit grob dreieckigem Umfang meist 4 bis 5 Zentimeter breit und lang und ist scheinbar aus mehreren Teil-Farnchen zusammengesetzt.
Tatsächlich zerfällt der Große Algenfarn im Winter unter Wasser in mehrere kleine Algenfarne, und so steigen umso mehr im nächsten Sommer auf. Die Blättchen sind schuppig dachziegelartig und dicht zu den Sprossspitzen gestellt. Bis zu zehn Würzelchen hängen im Wasser und ernähren diesen schwimmenden Farn – an sich schon ein Paradoxum. Eine Attraktion unter der Lupe, aus dem subtropischen Amerika zu uns gekommen.
Lange kam der Große Algenfarn hier kaum vom Fleck. Er ist einer meiner Lieblingsneophyten, den ich gerade hier um Bremen allen zeigen, allen anpreisen muss, auch wenn sie ihn gar nicht sehen wollen ...
So richtig was können außer sich allmählich ausbreiten kann er nicht.
Er ist einfach nur schön an sich. Jedoch aus der Natur mitgenommen und auf Gartenteichen ausgesetzt, hat er leider bisher noch nie überlebt.

Orientalisches Zackenschötchen

Wenn man aus Bremen nach Süden oder Osten fährst, mit dem Auto oder mit der Bahn, springen einem von Ende Mai bis Anfang Juli ab Göttingen, im Ruhrgebiet, aber vor allem ab Madgeburg und Nordhausen sowie im Frankenland dottergelbe Kugelbüsche an und abseits der

Verkehrswege auf. Dabei handelt es sich um das – seit dem 17. Jahrhundert bei uns eingewanderte – Orientalische Zackenschötchen (*Bunias orientalis*), eine tüchtige Speerspitze unter den Newcomern.
Der sperrige Name sagt alles aus über Herkunft und Aussehen der bis 1,5 Meter hohen Pflanze und den unsymmetrischen Schötchen. Gewiss, eine Wucherpflanze vor dem Herrn! Aber schön und aspektbildend – auch auf Äckern, Brachen, Halbtrockenrasen, Schutt, Weiden und Wiesen, an Bächen, Dämmen, Straßen- und Wegrändern, an Autobahnen in Bayern, Hessen, Sachsen-Anhalt und Thüringen. Unter Obstbäumen, in Gewerbegebieten, auf Baumscheiben – gemäht oder ungemäht, ganz egal. Eine Gewächs ohne viel Federlesens. Einfach nicht mehr wegzukriegen und deshalb inzwischen zur unerwünschen Person, ähm, Pflanze erklärt. Aber was soll's, was bringt's? Massenhaft auch am Niederrhein, etwa im Düsseldorfer Hafen.
Für Dauerhaftigkeit des Orientalischen Zackenschötchens sorgen schon derbe Sprosse, die auch nach dem Schnitt noch freudig austreiben und nachblühen.
Unabgemäht dienen die alten, vertrockneten, derben Triebe über einer Unzahl an bis zu einem Zentimeter langen, warzigen Schötchen und Samen für munteres Auskeimen.
Bis 12 Zentimeter lange, dunkelgrüne, grob fiederschnittige Blätter mit spießförmiger Spitze zeigen sofort die Verwandtschaft zu den Rauken an (»Türkenrauke«). Die Einzelblüten sind mit einer Breite von einem Zentimeter relativ klein, doch bei diesem Neophyten macht es die Masse.
Dieser Einwanderer ist ein Lehm-, Licht-, Kalk- und Nährstoffzeiger, der es weder zu trocken noch zu feucht mag.
Das Orientalische Zackenschötchen ist eine Leuchterpflanze, locker und leicht auch vom fahrenden ICE, Hubschrauber oder Heißluftballon erkennbar.
Blüten, Blätter und Samen der Pflanze sind essbar, aber bitter bis scharf – eine Salat- und Würzpflanze. Die kräftigen Wurzeln können ebenso wie Meerrettich gerieben und dann gegessen werden.
Früher wurde das Zackenschötchen, das auch Bienen und Fliegen eine hervorragende Nahrungsquelle bietet, sogar als Futterpflanze angebaut. In sommertrockenen Gegenden zu gerne zusammen mit der Pfeilkresse (*Cardaria draba*), die hier aber erst unter den Straßenrändern firmieren wird (→ Seite 111).

Bunias orientalis
Familie der Kreuzblütler *(Brassicaceae)*

Das Orientalische Zackenschötchen ist eine Leuchterpflanze und breitet sich rasant aus.

VON SCHERRASEN BIS WIESEN

VOM ELFEN-KROKUS BIS ZUM FADEN-EHRENPREIS

Ein Biotop für Pflanzenschönheiten

Rasenflächen und weniger Wiesen/Weiden können ein Hort auch für Neophyten sein. Zumal sie in den eh schon neubürgeraffinen Dörfern und Städten zu finden sind.

Auch im Schutz zunächst von Gebüschen und Hecken haben es etwa in Parks nicht wenige geschafft, sich in die angrenzenden Rasenflächen vorzukämpfen. Oder aber von hier aus wieder retour in den Schatten zu marschieren.

Einige dieser Einwanderer sind so typisch, dass es sich lohnt, jeden halbwegs weniger intensiv gemähten Zierrasen auch nach diesen Neophyten abzusuchen. Auffallend ist hier der hohe Anteil aus der Familie der Liliengewächse. Kein Wunder: Die geniale Überlebenstrategie über eine Zwiebel, geschützt im Boden, gepaart mit frühen Blütezeiten, prädestiniert diese Neophyten, vor allem im Biotop »Rasen« Fuß zu fassen. Mehrere Milchstern-, Schneestolz- und Traubenhyazinthen-Arten, zudem fast alle Gelbstern-Vertreter (*Gagea*), alles Liliengewächse, haben hier ebenso bedeutsame Ersatzbiotope gefunden. Daneben ab Februar noch der mit Knollen aufstrebende Winterling (*Eranthis hiemalis*).

Alle sind auch an Böschungen, Dämmen, Deichen, auf Fried- und Kirchhöfen, in streifenartigen Rasen unter Alleen, längs von großen Straßen, in Kleingartengebieten und in kleinen bis großen Parks zu finden. Das Nährstoffangebot ist hier meist groß, aber eben nicht überall.

Jahrzehntelang galt die ansprechende Schachbrettblume als einheimische Pflanzenart.

Gemäht wird oft unregelmäßiger als woanders, der Boden bleibt durch alte Bäume länger feucht. Ein Wechsel von Sonne und Schatten ist wichtig fürs Überleben dieser Arten. Förderlich sind moosige Teilflächen, und direkt unter Bäumen, in ihrem Traufbereich, bleibt die Oberfläche oft deutlich schütterer entwickelt als abseits davon.

In Hanglagen dörrt andererseits der Rasen auch aus. Tiere wühlen hier, Ameisen, Grabwespen und Sandbienen sorgen für minilokale Standorterweiterungen. Das behagt etwa der Wilden Tulpe (*Tulipa sylvestris*), die auch in Weinbergen des Südwestens ein bedeutsames Standbein besitzt, jedoch an diesem Standort regional stark zurückgeht.

Halbtrockenrasen oder gar Steppenrasen stellen exquisite Extremstandorte dar, zumal überwiegend in mäßig bis sehr steiler Hanglage. Hitze, starke Sonneneinstrahlung, Wassermangel, extensive Beweidung und nicht zuletzt ein oft lebensfeindlicher Untergrund – etwa Gestein, Gips oder Schwermetalle – bereiten hier selbst Neophyten ein unüberwindliches Hindernis. Daher kommt dort nur der Österreichische Lein zum Zuge. Ein persönliches »Gezerre« in diesem Buch gab es kurzzeitig mit dem grazilen Arabischen Schneckenklee (*Medicago arabica*), der in Rasen im Nahe-Main-Rheingcbiet, um Tricr sowie in Hannover und Bremen aufgrund früherer Wollkämmereien vollständig eingebürgert ist. Zugunsten des deutlich häufigeren Schweden-Klees wurde jedoch an dieser Stelle auf seine Teilnahme verzichtet.

Elfen-Krokus

Crocus tommasinianus
Familie der Schwertliliengewächse *(Iridaceae)*

Elfen-Krokusse zeigen schon im Februar ihre umwerfende Farbenpracht.

Mit Karacho sind die Tänzer unter den Neophyten, sind diese famosen, reaktionsschnellen Elfen-Krokusse (*Crocus tommasinianus*) bei uns eingeschlagen. Lange Zeit war von diesem bereits im Februar blühenden Zärtling nichts zu sehen, sieht man von gelegentlichen Anpflanzungen in Parks ab. Er fehlt in vielen Bestimmungsbüchern, es gibt kaum Arealkarten. Das hat sich seit etwa dem Jahr 2000 rapide geändert.

Wahre Elfen-Krokus-Meere in Städten bestimmen manchmal bis Anfang April städtische Aspekte. Er wandert einfach weiter ein in Gebüsche und Hecken, randlich und in Laubwälder, in Hausrasen, wo ihn nie jemand zuvor gepflanzt hatte. Und am Rand von Bürgersteigen wird er von Ameisen verschleppt.

An bis 10 Zentimeter langen, reinweißen, dünnen Stielen, was in Wahrheit die Blütenröhren sind, entfalten sich bis 10 Zentimeter große, hellviolette Blüten. Ganz überwiegend zu sechst, außen oft mit einem Hauch von grau bis silbern überhaucht. Und wäre das nicht schon genug Finesse, befeuern im Zentrum noch drei feuerorange Staubgefäße und eine Narbe diese Szenerie. Und wie gesagt, so ein Elfen-Krokus tanzt nie allein, Millionen habe ich schon gesehen – die kann nun wahrlich niemand gepflanzt haben: So eine Strafe gibt es gar nicht!

Ein lehmiger bis lehmig-sandiger Boden wird für die Ansiedlung bevorzugt, gerne in moosreicher Umgebung. Grundständige, weißstreifige Blätter fallen am Anfang kaum auf. Nach der Blüte aber werden sie noch bis 30 Zentimeter lang und an ihrer hellgrünen Farbe erkennbar. Richtige Bubiköpfe bilden sich dann heraus, bis sie schließlich der ersten Rasenmahd zum Opfer fallen.

Benannt nach einem gewissen Herrn Tommasini (1794 – 1879), österreich-ungarischer Politiker und Ritter seines Zeichens, der auf dem Balkan botanisierte. Hier liegt auch die Heimat dieses meines exquisiten Schätzchens Elfen-Krokus, auch als »Dalmatiner Krokus« bezeichnet.

Gewöhnliches Hundszahngras

Auf jeden Fall ein Gras mit Haltung ist das aus dem Mittelmeergebiet stammende Hundszahngras, auch kurz Hundszahn genannt (*Cynodon dactylon*). Möglicherweise ist die ursprüngliche Heimat sogar Nordafrika, also ein Steppen- bis Wüstenelement, bei uns sogar weit im Norden. Es hat sich vor allem im gesamten Rheintal von Freiburg bis Emmerich eingenistet. Das erste Mal sah ich diese Zudecke von Gras 1987 in Hannover, auf dem Gelände vom Bundesbahnausbesserungswerk Leinhausen. Ein etwa 20 Quadratmeter großer Flatschen, völlig isoliert, zierte damals einen von Öl verseuchten Teilbereich vor einem Lokschuppen – da war ich noch Student. Und ich beschloss, meine Diplomarbeit schreibe ich »über die Bahnhofsflora im Großraum Hannover«! Später gab es in Hannover noch eine zweite Stelle in der Nähe, die heute noch Bestand hat. Auch in Bremen auf ehemaligem Baumwollkämmerei-Gelände gibt es seit Langem zwei Wuchsorte. Ich bin da jedes Jahr und beobachte deren Entwicklung. Berlin und auch das südliche Sachsen-Anhalt sind weitere Hot Spots dieses extrem wärmeliebenden und trockenheitsresistenten Kämpfertyps. Je mehr Tritt und Mahd, desto besser. Speyer trieft von dem Gras, Mannheim, der Mainzer Sand und auch Köln, in Bernburg und in Worms. Im Mittelmeergebiet und an der Atlantikküste bis in die Bretagne ist es extrem häufig.
Kräftige oberirdische, bis einen Meter lange, an den Knoten einwurzelnde Ausläufer lassen von dem von Juli bis Oktober blühenden Süßgras nichts durch. Dann eine Augenweide, wenn weißliche Staubgefäße an diesen Minipropellern – der Hundszahn ist ein sogenanntes Fingergras – an meist bis 6 Zentimeter langen »Fingern« herabhängen. Hundszahn deshalb, weil die Spelzen auf der Außenseite so zahnartig rau sind. Ganz sicher ein Klimawandelgewinner, wichtig zur Stabilisierung von trockenen Böschungen. Es wird in Tieflagen im Südwesten sicher allmählich die Rasenflächen zumindest von Industriegebieten, an Bahnen, Parkplätzen, in Häfen und vor Tankstellen ersetzen.

Das Hundszahngras hat in Deutschland ein Areal längs vom Rhein von Basel bis Emmerich.

Cynodon dactylon
Familie der Süßgräser
(Poaceae)

Indische Scheinerdbeere

Duchesnea indica
Familie der Rosengewächse *(Rosaceae)*

Richtig mit Wumms ist auch die ausdauernde, bis 20 Zentimeter hohe Indische Scheinerdbeere (*Duchesnea indica*). Sie hat schon eine wahre Odyssee der Namen hinter sich – seit Kurzem auch *Potentilla indica* und kurzzeitig auch *Fragaria indica* standen bereits auf ihren Namensschildern. Schon seit 1903 aus Südostasien bei uns – wo sie bis auf einer Höhe von 3100 Metern wächst –, ist ihr Siegeszug hier erst zwei oder drei Jahrzehnte im Gang. Jetzt aber so richtig. Noch um das Jahr 1995 kannte sie in Hannover kaum jemand. Heute ist sie an vielen Waldwegen der dortigen Eilenriede, und der Englische Garten in München trieft im Rasen von ihr. Ständig sehe ich diese Scheinerdbeere irgendwo, zuletzt in Dresden, Bautzen. Auch im Winter, denn da sieht man ihre dreiteiligen dunkelgrünen Blätter immer noch. Von der ähnlichen Wald-Erdbeere ist schon lange nichts mehr zu sehen.

Noch im Oktober kann man die Indische Scheinerdbeere blühen und fruchten sehen.

Erstaunlich sind schon mal die gelben Blüten der Indischen Scheinerdbeere, ganz Erdbeeren-unlike, die sie von April bis November in unglaublichem Fleiß hervorbringt. Das trifft noch mehr auf ihre Früchte zu, einer Sammelfrucht: Stets aufrecht, mit fünf breiten, blattartigen Kelchblättern schüsselartig unterlegt und deutlich größer als bei Wald-Erdbeeren. Was so hoffnungsvoll erscheint, entpuppt sich aber schnell als enttäuschend. Die Früchte sind wenig saftig, sehr fade, wenn auch schwach süßlich – wie ein Rest Orangenlimonade im Glas erst nach zwei Wochen ... Dafür hat sie Power im Vorwärtskommen. Mit an Knoten bewurzelungsfähigen Ausläufern durchzieht dieser Neophyt binnen kurzer Zeit große Rasenflächen und lässt sich dann auch vom häufigen Mähen nicht beirren. Von dort geht es auch in Hecken und Rabatten oder von da wieder zurück. Eine neue Halbschatten-, Lehm-, Nährstoff- und Trittpflanze, ganz sicher eine mit Zukunft. Gefördert wird dieser Neuling sicher durch Gärten, Kleingärten und Parks, wo Mähmaschinen die kleinen Schnittlinge verteilen und diese dann neu einwurzeln. Im Moos vor Hecken, kaum bis gar nicht von der Sonne erreicht, ist sie konkurrenzlos und verträgt selbstredend auch viel Tritt. Hier wuchs vorher gar keine höhere Pflanze, also darf sie das!

Schachbrettblume

Alljährlich besuche ich die hübsche Schachbrettblume auf der Juliusplate bei Bremen.

Ein Traum sind immer wenig gemähte und gedüngte Wiesen mit Massen der aparten Schachbrettblume (*Fritillaria meleagris*), auch einfach Schachblume genannt.
Um 1995 immer um den 1. Mai herum, jetzt schon vor dem 20. April zeigen sich diese bis 30 Zentimeter hohen Schönheiten zumeist rosa bis purpurbraun schachbrettartig gefeldert. Viel seltener sieht man sie auch in Weiß, doch dann stets ungefeldert.
Ganz überwiegend wird nur eine Blüte je Spross gebildet, der spazierstockartig ist, und die glockenartig nickt. Nur zwei bis vier sehr schmale Blätter sind wie die Stängel bläulich-weiß bereift. Zur Fruchtzeit strecken sich dann die Kapseln steif nach oben, sie gewinnt also noch nach der Blüte an Höhe, fällt dann aber kaum noch auf.
Die Schachbrettblume liebt ein feucht-kühles Frühjahr, einen April mit bereits 20 Grad oder gar mehr verträgt sie nur kurz. Nichts sieht so traurig aus wie vergängliche Schachbrettblumen.
Ursprünglich als Zierpflanze, hat man sie vor 1800 bei uns noch nirgends dokumentiert, trotzdem galt sie bis vor Kurzem noch als einheimische Art. Ich bezweifelte dies stets, umso erstaunlicher ihre wahren Massenvorkommen im Kreis Pinneberg (Haseldorfer Marsch), in Hamburg (Wittenbergen), im Kreis Harburg (Untere Seeveniederung), im Kreis Stade (Asseler Sand), bei Bremen (Juliusplate, 2018 ff. über 100.000 Stück) und auch in den Bachtälern des deutschen Berglandes (Baden-Württemberg, Bayern, Hessen).
Das Mähen bekommt ihr viel eher als Beweidung, zumal Rinder sie wegen ihrer Giftigkeit verschmähen. Verdichteten Boden verträgt sie schlecht. Ganz schön anspruchsvoll ist dieser submediterran bis subatlantisch verbreitete Neophyt. Ein Basen-, Feuchte-, Licht-, Nährstoff- und Tonbodenzeiger. Auch Kiebitzei genannt und mit der Kaiserkrone unserer Gärten verwandt.
Schachblumen im Garten mickern oft vor sich hin. Hier stimmen eben oft die Standorte nicht. Ich behaupte nicht zu viel, wenn ich an dieser

Fritillaria meleagris
Familie der Liliengewächse *(Liliaceae)*

Stelle sage, diese Art ist die am meisten von Schaulustigen frequentierte Wildpflanze im Bremer Raum. Ein kleiner Run setzt immer zur Blütezeit ein. Inzwischen hat man deshalb im Naturschutzgebiet »Juliusplate« an der Unterweser gegenüber von Bremen einen Rundpfad angelegt. Und alles liegt in der liebevollen Obhut des nahen Campingplatzverwalters. Die Schachbrettblume ist eine meiner Top-Fünf-Neophyten – eine bundesweit geschützte und inzwischen stark gefährdete Pflanze (Rote Liste 2).

Österreichisches Leinkraut

Linum austriacum
Familie der Leingewächse *(Linaceae)*

Seit 1860 bei uns auf Heimsuchung ist der Österreichische Lein (*Linum austriacum*), der aus Vorderasien und Südosteuropa stammt. Zuerst wurde er in Thüringen vermutlich regelrecht angesät. Dort und auch im nördlichen Rheintal, im südlichen Sachsen-Anhalt, in Franken, donau- und odernah zählt er zu den prägenden Neuerscheinungen auf steilen und trockenen Böden der Halbtrockenrasen.

Von Mai bis Juli machen zahlreiche, bis 2 Zentimeter breite, himmel- bis dunkelblaue Blüten so richtig was her. Zum Zentrum auch noch dunkelviolett gestreift, an bis 60 Zentimeter hohen Individuen. Dann kann man den Lein schon aus einem Kilometer Entfernung ausmachen, sofern er in ausreichender Menge vorhanden ist. So bläut er weite Bereiche der Gipshänge des Kyffhäusergebirges nördlich von Bad Frankenhausen ein.

Der Österreichische Lein hat sich vor allem am Kyffhäuser in Thüringen stark ausgebreitet.

Aber auch im Süden Niedersachsens, in Franken, an der unteren Mosel und am Neckar wächst inzwischen diese Schönheit, gebietsweise mit durchaus verdrängender Wirkung. Das sieht man dieser farbenfrohen Eingebung aber nach, sofern nicht Dänischer Tragant, Brand-Knabenkraut, Purpur-Knabenkraut, Purpur-Schwarzwurzel, Stängelloser Tragant oder manch andere botanische Kostbarkeit behindert werden.

Das österreichische Leinkraut wandert auch weiter in Brachen und lichte Gebüschsäume, an Böschungen, Straßen und Wege sowie sogar in steinige Äcker. Ein nur oben verzweigter Neophyt mit vielen Samen in kugeligen Kapseln, vieltriebig und mit schmalen, linearen, bis 3 Zentimeter langen Blättern. Somit optimal angepasst an unser neues, immer sommerheißes Klima.

Ein Kalk- und Lichtliebhaber, aber ein Feuchte- und Nährstoffflieher. Trotz Zunahme bei uns eine bundesweit geschützte Art. Im Ursprungsgebiet seit 2500 Jahren auch als Flachspflanze und alte Zierpflanze angebaut. Verwandt mit dem bei uns unbeständigen und nur gelegentlich verwilderten Saat-Lein (Flachs).

Sibirischer Blaustern

Scilla siberica
Familie der Liliengewächse *(Liliaceae)*

Sehr viel häufiger als das Österreichische Leinkraut ist da schon der azurblaue Sibirische Blaustern (*Scilla siberica*) vom Kaukasus und von der Ukraine, der ebenso wie der Elfen-Krokus in den letzten 40 Jahren rasant an Fläche gewonnen hat. Beide bilden auch sehr oft ein Duett.
Die Anfänge des Sibirischen Blausterns bei uns gehen auf das Jahr 1800 zurück, genau weiß man das bei dieser Pflanze allerdings nicht. Bestimmt wurde sie schon eher gepflanzt, »stinzen« sagen wir dazu, aber ab wann ging sie auf Wanderschaft, und wann war sie eingebürgert? Das ist nicht mehr genau zu sagen, wie übrigens bei ganz vielen Neophyten. Schließlich legt sich ja keiner auf die Lauer und wartet einfach ... Zumal es auch eine Reihe ganz ähnlicher Frühblüher gibt. Jetzt hat man auch noch die Schneestolz-Arten zur Gattung *Scilla* gestellt.
Die nickenden, bis vierblütigen Blausterne werden 5 bis 15 Zentimeter hoch und blühen ebenfalls immer eher. War früher Anfang April Hochzeit, in Hannover feierte man dazu in den 1980er-Jahren noch das Blausternefest auf dem Lindener Berg, so sieht man jetzt erste Blüten schon Ende Februar. Die Erderwärmung lässt grüßen.
Dekorativ sind auch die glänzend dunkelgrünen Blätter und oft braunroten Stängel. Grasböschungen, Friedhöfe, Gebüsche, Parks, private Zierrasen und zunehmend auch Waldränder sowie Waldwege sind Habitat dieses Schönlings mit Sendungsbewusstsein. Selbst aus benachbarten Plattenfugen und Pflasterritzen quält sich dieser ansehnliche Neubürger. Optimal wächst der Sibirische Blaustern auf halbschattigen, basen- und nährstoffreichen, frischen bis leicht grundfeuchten Sand- und Lehmböden. Die Pflanze ist in allen Teilen giftig, und – obwohl bei uns neu und auch gar nicht gefährdet – gehört sie ebenfalls zu den geschützten Arten.

Es gibt kaum einen Park in Deutschland, wo Sie nicht dem Sibirischen Blaustern begegnen.

BUBIKÖPFCHEN

Soleirolia soleirolii
Familie der Brennnesselgewächse
(Urticaceae)

Eine in alten Rasenflächen erstaunliche bis gar wundersame Pflanze ist das Bubiköpfchen (*Soleirolia soleirolii*), das ursprünglich von Sardinien und Korsika stammt. Zugegeben, es ist mit dem Ruhrgebiet eine Bremer Spezialität, deshalb muss ich es hier einfach bringen. Und dieser Einwanderer ist tatsächlich vollkommen eingebürgert. Aber auch in Oldenburg, in Hannover, in Hoya/Weser (Kreis Nienburg) und in Soest/Westfalen habe ich das frostempfindliche Bubiköpfchen schon wild wachsend gesehen. Mehrfach selbst im Ort Helgoland! Als beliebte und schon lange bekannte Balkon- und Zimmerpflanze trägt es sich zu, dass eher penible Mitmenschen von ihren Balkonen aus überzählige oder halb vertrocknete Teile ihres Balkonkastens mir nichts, dir nichts einfach eine oder ein paar Etagen tiefer werfen. Mit ungeahnten Folgen – das Bubiköpfchen wächst einfach weiter ... Seit 2003 wird es in mindestens fünf Bremer Stadtteilen (Hulsberg, Lobbendorf, Mitte, Oslebshausen, Vegesack) festgestellt. Immer in vollem Schatten im Schutz von Hauswänden, stets von älteren Geschosswohnungsbauten. Dort, wo sonst kaum mehr Rasen wächst, aber stets der Mäher vorbeikommt. Es wächst in bis einem Meter breiten Streifen, weiter wandentfernt ist dann schlagartig Schluss. In Hoya hat es sich nischenartig großflächig zwischen zwei alten Hausgrundstücken mit einer oben aufgesetzten Terrasse angesiedelt. In der City von Soest wächst es schon lange unterhalb eines Verwaltungsgebäudes mit Altbaumbestand. Sicher findet man das Bubiköpfchen noch an vielen Stellen, doch niemand klappert diese ansonsten ja wenig bis uninteressanten Wuchsplätze ab.

Nach dem Bubiköpfchen muss man gebäudenah am Rand von alten Rasenflächen suchen.

Wilde Tulpe

Foto Seite 83: Anfang Mai blüht die Wilde Tulpe in Hamburg an Steilhängen der Tide-Elbe.

Wie eine Muse für mich ist die bis 40 Zentimeter hohe Wilde Tulpe (*Tulipa sylvestris*), ein durch und durch einnehmendes Wesen. Wer Wilde Tulpen noch nie gesehen hat, die/der hat wirklich was verpasst.

Tulipa sylvestris
Familie der Liliengewächse *(Liliaceae)*

Darum pilgere ich jedes Jahr in Norddeutschlands Hauptstadt der Wilden Tulpe. Doch es sind nicht etwa Berlin, Braunschweig, Bremen, Hamburg, Hannover, auch nicht Dresden – wo sie überall wächst –, nein, es ist Celle an der Aller. Und dort gibt es vor allem diese genialen Parkflächen »Am Tie«, »Französischer Garten« oder »Schlosspark«.
Jeweils Millionen Wilder Tulpen sieht man hier, längst nicht alle blühend, was typisch ist für diesen Stürmer, aber dafür ganz viele. Auch Hamburg trieft von dieser Schönheit, hier wird sie gar an Autobahnböschungen gepflanzt. Natürlich hält sich dieser Basen-, Halbschatten-, Nährstoff- und Nichttrittzeiger auch in angrenzenden Gebüschen und Hecken, an Straßen und Wegen, an vergrasten Gräben. Er ist auch eine Kennart der frühen Flora von Weinbergen etwa an Oberelbe, Main, Nahe, Neckar, Saale, im Oberrheintal um Alzey und Worms.
Und längs der Aller in und bei Celle huldigt sie auch flächig angrenzenden Auwäldern und wird vom Fluss noch weit in Richtung Weser getragen (Zwiebelverdriftung durch Hochwässer).
Seit dem 16. Jahrhundert gibt es schon Wilde Tulpen in Deutschland, ganz genau kennt den Zeitpunkt niemand. Die rapsgelben, kaum rötlichen, außen grünlichen, um 10 Zentimeter breiten Blüten von April bis Mai nicken zunächst. Später und in voller Sonne, meist zwischen 13 und 16 Uhr, richten sie sich auf. Eine Augenweide auch an Böschungen, etwa am Elbesteilhang vom Altonaer Balkon bis fast raus nach Wedel. Das weckte Begehrlichkeiten, man grub sie aus, um sie im Garten anzusiedeln. Deshalb ist die Wilde Tulpe längst vollkommen geschützt und als gefährdet eingestuft (Rote Liste 3). Für Norddeutschand trifft das jedoch nicht zu. Hier expandiert die Wilde Tulpe sogar: Etwa auch im Landkreis Cuxhaven westlich von Altenwalde, in Ihlienworth und Otterndorf sowie im Wendland, viel in Lüneburg. Aber in den immer stärker gespritzten Weinbergen ist ihr Bestand gefährdet. Ansehnlich sind auch bis 20 Zentimeter lange, schmale, blau-grüne, um 3 Zentimeter breite Blätter mit wachsartigem Anstrich. Gerne in Gesellschaft mit Gelbstern- und Milchstern-Arten auf Friedhöfen und in Parks. Möglicherweise schon vor 1500 bei uns (dann ein Archaeophyt = Alteinwanderer), heute noch Zierpflanze, etwa auch auf Gräbern. Hummeln dient die Wilde Tulpe als Nahrungsquelle.

Faden-Ehrenpreis

Ein eher perfider Aufständischer, dieses Mal wieder aus dem Kaukasus, ist der außerhalb seiner Blütezeit von Ende März bis im Bergland im Juli kaum auffallende Faden-Ehrenpreis (*Veronica filiformis*). Seine Namen sind sehr berechtigt, denn von Mähern abgesäbelt und nur bis 30 Zentimeter lang, werden extrem dünne und schnell wieder bewurzelungsfähige Sprossteile über den ganzen Scherrasen verteilt und die Art auf diese Weise wieder voll mobilisiert.

Das geht ruckzuck, und so schimmern im Frühling zahlreiche Park- und Privatrasenflächen in hübschem Weißlich-Blau. Die Einzelblüten sind nämlich mit 10 bis 14 Millimetern relativ groß.

Passend zu den bayerischen Landesfarben nicht nur im Englischen Garten in München dominiert dieser Racker, nein – auch bei mir hier im Hausrasen in Bremen.

Fast kreisrunde, leicht gekerbte, wie Kelche und Stängel behaarte Blättchen werden auch nur um einen Zentimeter lang wie breit. Eine typische Rasenpflanze mit fleißigen Ausläufern. Ehemals wurde der Faden-Ehrenpreis auf Friedhöfen zur Gräberbepflanzung eingeführt, erst 1930 war das. Er ist immer noch ein ausgesprochener Siedlungszeiger, obwohl ich diese Art auch schon im Weidegrünland in Bayern, Sachsen und Thüringen sah. Am liebsten in Lehmgebieten, in den Alpen inzwischen schon bis auf 1650 Metern.

Der Faden-Ehrenpreis ist ein Frische-, Halblicht- und Nährstoffzeiger. Meidet Nässe und Trockenheit, Moor- und reine Sandböden. Immer auf der Walz und auch zukünftig weiter im Vorwärtsgang.

Eine weitere Ehrenpreis-Art mit Neophyten-Status, der Fremde Ehrenpreis (*Veronica peregrina*), kommt aus Nordamerika. In Baumschulen, Gärtnereien und Gärten, auf Friedhöfen sowie auf dem Grund abgelassener Teiche, auf Kulturland aller Art und auf Bahngelände findet man den aus Vorderasien stammenden, meist häufigen Persischen Ehrenpreis (*Veronica persica*).

Auch er hätte es voll verdient, in diesem Buch über Neophyten Platz zu nehmen – denn groß ist die Zahl seiner Lebensräume: Äcker und Gärten, Kleingärten, Brachen, Graben- und Straßenränder, Lagerplätze, Komposte, ja selbst an Bahnrändern. Denn hier rappeln die Trecker mit ihren Anhängern, und flugs können neben anderen auch Persische Ehrenpreise abfallen und sich fortpflanzen.

Der Persische Ehrenpreis blüht eigentlich das ganze Jahr über, ein klassischer Durchbrenner, ein Dauerbrenner. Nur so wird man aber zum erfolgreichen Einwanderer, gerne auch in abgeernteten, aber noch nicht umgepflügten Maisfeldern.

Veronica filiformis
Familie der Rachenblütler (*Scrophulariaceae*)

Der Faden-Ehrenpreis wurde aus dem Kaukasus zunächst als Grabpflanze eingeführt.

IN GEBÜSCHEN UND HECKEN

VON DER SCHÖNEN WINDE BIS ZUR ARMENISCHEN BROMBEERE

Standorte, die Schutz bieten

Da diese Biotoptypen in Stadt und Land weit verbreitet sind, eine gewisse Sicherheit vor Tritt und Vollsonne bieten, landen hier besonders viele Einwanderer an, wenn auch fast nie ausschließlich.

Den Elfen-Krokus, den Sibirischen Blaustern, die Wilde Tulpe und auch den Riesen-Bärenklau hatte ich Ihnen ja schon vorgestellt. Aber auch Milchsterne und Winterlinge halten sich besonders gerne an diesen Standorten auf.

Neben einem erwünschten jahreszeitlichen Schutz sind Gebüsche und Hecken, gerade auch in Siedlungen, die Verbindung zu den Gärten, zu Gräben, Straßen und Wegen. Sie bieten reichlich Nährstoffe (Hunde!), halten die Feuchtigkeit länger und binden außerdem den Staub angrenzender Bereiche.

Zudem bieten sie Stützhilfe für Rank- und Kletterpflanzen, etwa für die aus submediterranen Gebieten stammende Breitblättrige Platterbse (*Lathyrus latifolius*).

Insgesamt neun Neophyten sammle ich von hier ein, darunter befindet sich auch sogar die einzige neue Orchidee mit Bleiberecht in Deutschland: das Übersehene Knabenkraut.

Diese Armenische Brombeere wuchert, was das Zeug hält, besonders im Siedlungsbereich.

Schöne Winde

Calystegia pulchra
Familie der Windengewächse *(Convolvulaceae)*

Wie der Name schon erwarten lässt, handelt dieser Neophyt von Anmut und Grazie, aber er zeugt auch von Draufgängertum und Wichtigtuerei. Natürlich gibt es immer wieder auch Zeitgenossen, die sich selbst über Schönes ärgern, wie beispielsweise meine Ex-Vermieterin. Denn die hat reichlich von dieser Art im Garten und ihre Umgebung auch.
Wenn es keine Winden-Knöteriche, Acker- und Zaun-Winden sind, dann muss es eben diese anmutige Schöne Winde *(Calystegia pulchra)* sein, womit man sich den Tag vergrätzt.
Nicht nur in Siedlungen fällt die der Ostsee-Zaunwinde ähnliche Schöne Winde auf, nein, auch in der freien Landschaft sieht man diese ehemalige Zierpflanze, die es seit 1871 in Deutschand gibt.
Trichterartige, bis 6 Zentimeter lange und breite Blüten – in den Niederlanden nennt man die ähnliche Zaun-Winde »de Pisspott« – sind ganz überwiegend rosa, mit fünf schmalen, weißen Streifen verziert. Die Schöne Winde blüht von Juni bis Anfang Oktober und kann eine Gesamtlänge von 3,5 Metern erreichen.
Dann erhebt sich die Schöne Winde über Rhododendron, Johanniskraut-, Mahonien- und Spierstrauchrabatten, über Hecken aller Art, längs von Zäunen und in der freien Landschaft auch im Brennnesselgebüsch.
Am Grund besitzt dieser Neophyt einen aufgeblasenen Kelch, der sich aus

Die Schöne Winde bemächtigt sich ganz besonders Gebüschen und Hecken.

zwei sich überlappenden, weißlich-grünen Teilblättern zusammensetzt. Insgesamt ist sie größer als manchmal mitmischende Zaun-Winden und deutlich größer als die weißen bis rosa gestreiften Acker-Winden. Die Schöne Winde ist eine eingebürgerte Art lehmiger bis sandig-lehmiger, humoser Standorte vor allem in Hamburg, im Bremer Raum, in Südniedersachsen, in Sachsen, Sachsen-Anhalt und in Thüringen. Im Westen und Südwesten Deutschlands noch seltener, aber im Allgäu, Ruhrgebiet und Sauerland zu finden. Ihre Herkunft ist unsicher, möglicherweise stammt sie aus Ostasien.

Australischer Gänsefuß

Chenopodium pumilio
Familie der Gänsefußgewächse
(Chenopodiaceae)

Richtig glücklich bin ich nicht gerade damit, den von Juni bis Oktober blühenden Australischen Gänsefuß (*Chenopodium pumilio*) hierher zu verfrachten. Denn er hält sich als trittempfindliche, nährstoff- und wärmeliebende Art auch vor Gebüschen und Hecken auf. Gar nicht abgeneigt ist dieser so toll aromatisch duftende Gänsefuß auch gegenüber Äckern, Bahnlinien, Häfen, Sandgruben, breiten und sandigen Flussufern, ja auch Kompost- und Müllplätzen.

Das ganze Rheintal ist inzwischen gut belegt – von Rastatt bis Emmerich, vor allem im Rhein-Main-Gebiet und um Düsseldorf. Bei Frankfurt-Schwanheim sah ich 2016 einmal Tausende dieser Art in einem Rübenfeld. Aber auch in Bremen, Hamburg, auf dem A2-Rastplatz Garbsen-Nord, in Hannover, in Berlin und Dresden ist dieser am Ende oft bläulich-rötliche Akrobat angekommen. Und von wegen lat. *pumilio* (= Zwerg), er wird bis 70 Zentimeter hoch und besticht durch seine mitunter starke Verzweigung in alle Richtungen.

Auf dem Bahngelände vom Weltkulturerbe der Zeche Zollverein in Essen begrub diese einjährige Pflanze 2020 große Schotterflächen. Seit 1890 bei uns, vermutlich erstmals mit Schafwolle an Wollkämmereien mit Bahnanschluss verschleppt.

Ein paar vorlaute Botaniker haben ihn jetzt doch tatsächlich zur erfundenen Gattung *Dysphania* (Drüsengänsefuß) gestellt, völlig unverständlich. Gänsefüßiger als bei dieser Art mit ihren in der Vorderhälfte hübsch gekerbten, graugrünen Blättern geht es einfach nicht! Es gibt auf ähnlichen Wuchsplätzen noch eine Reihe weiterer neophytischer Gänsefuß-Arten in Deutschland – zu erwähnen sind Klebriger Gänsefuß (wie Pattex!, stark duftend), Mexikanischer Gänsefuß, Schraders Gänsefuß, Steifer Gänsefuß, Durchblätterter und Kopfiger Gänsefuß. Letzte beiden im Spätsommer bis Spätherbst mit leuchtend roten bzw. hellvioletten Fruchtknäueln.

Vor allem an Rhein, Mosel und Main liegen die Hauptvorkommen des Australischen Gänsefußes.

Kubaspinat, Tellerkraut

Claytonia perfoliata
Familie der Portulakgewächse *(Portulaceae)*

Zu den wirklich sehr strebsamen Neophyten zählt der einjährige Kubaspinat (*Claytonia perfoliata*), auch Tellerkraut, Winterportulak und Claytonie genannt.
Zumindest im Norden bis Westen, im Rhein-Main-Gebiet, nach der Wende mit der Zunahme von Gartencentern jetzt auch im Osten Deutschlands zu finden.
Wie eine Walze fegt diese Art noch immer durch Stadt und Land, bemächtigt sich der Gärten, Rasen und Rabatten, der Hecken und Büsche, nun auch der Lagerplätze und Tierweiden, schon lange der Bahn-, Straßen- und Wegböschungen – unter Baumscheiben mit am liebsten.
Schon vom fahrenden Auto fallen ab Februar diese hellgrünen Inseln neben der Straße auf. Ein Halbschatten-, Nährstoff- und Nichttritt-Liebhaber. Verschleppt vor allem aus Baumschulen und Gärtnereien, wo diese Pflanze sogar als Dünger für Kultiviertes angesät worden sein soll. Gratis bekommt man sie dann mitgeliefert.
Bereits im Oktober/November zeigen sich im Nordwesten und Westen an erwärmten Stellen die ersten erst noch schmalen, feinen Pionierblätter. Bei fehlendem Frost entwickeln sie sich schnell weiter und zeigen dann rundliche, vorne zugespitzte Blätter. Immer dichter wächst das Zeug, kurzzeitiger Schnee schockt diesen Sturkopf nicht mehr.
In Bremen manchmal schon ab Oktober, sonst so ab März kommen bereits die ersten weißen Blüten. Sie werden an bis 3 Zentimeter langen Stielen in den kreisförmig umfassenden, zweifach zugespitzt, verwachsenen Trichterblättern wie auf Präsentiertellern dargeboten. Daher auch der Name »Tellerkraut«.
Bis zu 40 Zentimeter kann dieser längst eingebürgerte Überläufer bei entsprechendem Nahrungsangebot werden. Er geht schon in die Dünen, er geht an die Flüsse, er geht an die Waldränder. Ameisen verbreiten ihn weiter, es gibt kein Halten mehr.

Doch dann, mit steigender Sonne, plötzlich vergilbt die Pflanze, bildet massenhaft Samen und zieht sich dann ab Mai/Juni zurück.
Nutzung als Frischgemüse (Postelein), saftig, leicht zu beißen, wie Spinat (Name!) – enthält Calcium, Eisen, Magnesium und viel Vitamin C. Ich nehme davon ständig und bilde mir ein, davon in den letzten Jahren sogar noch gewachsen zu sein ...
Der Kubaspinat stammt vermutlich nur von der regenreichen Westküste Nordamerikas (und nicht aus Kuba), seit 1851 bei uns. Sehr viel seltener ist sein rosafarbener Zwilling, das Sibirische Tellerkraut, das vereinzelt auch in Büschen, Hecken und an Waldrändern gedeiht.
Vielen habe ich diese relativ kurzlebige Pflanze schon gezeigt, manche sind richtig selig inzwischen und danken es mir. Weil so häufig und so leicht zu sammeln und so bekömmlich. Dauernd gibt es dann Kubaspinat, Söhne und Töchter aus diesen Häusern maulen dann schon mal dann und wann. Mich begeistert dieses ausdrucksstarke Gewächs auch – diese wohlgeformten Blätter, diese Stieltellerblüten, diese Wuchskraft. Nordwestdeutschen Baumschulen überkommt das Tellerkraut regelrecht, da wächst dann kaum noch etwas anderes – man pflügt bzw. fräst es dann einfach unter. Also Gründüngung fast ohne eigenes Zutun! Aber Vorsicht beim Sammeln – an geeigneten Habitaten hebt auch schon mancher Hund sein Bein, Pipi und Gekratze liebt diese Art besonders! Andererseits hätte man dann so das Salz auch noch umsonst ...

Der Kubaspinat steht uns als Salatpflanze vor allem von März bis Mai zur Verfügung.

Übersehenes Knabenkraut

Dactylorhiza praetermissa
Familie der Orchideengewächse *(Orchidaceae)*

Die einzige Orchidee unterm Dach der Neophyten ist das bis 60 Zentimeter hohe Übersehene Knabenkraut (*Dactylorhiza praetermissa*) mit dichten, walzlichen Blütenständen. Diese Wuchshöhe zeigt, und zumal diese Art extrem kräftig auftritt, dass sie nie »übersehen« werden konnte, nein, sie wurde einfach nur verkannt. Vermutlich um 1980 nach Ausbreitung aus den Niederlanden erstmals in Niedersachsen angetroffen, hat man diesen Senkrechtstarter wohl lange für ein anderes Knabenkraut gehalten. Von Juni bis August blühend, meidet es die Siedlungen, ist also urbanophob, und wächst in küstennahen Weidengebüschen, in Abbaugruben, Flachmoorwiesen, Küstendünentälern und lückigen Schilfröhrichten, auf älteren Spülfeldern (Wilhelmshaven), an Gewässern und Gräben und sogar auf Waldlichtungen. Eine exzellente Darbietung mit Kalk, Licht, Nährstoffarmut und Wechselfeuchte. Aus der Stadt Lingen/Ems wurde sogar von einem Flachdach berichtet mit über 1000 Individuen dieses eher pflanzlichen Charmeurs als Kämpfers. Vor dem Jahr 2000 auch schon im Saarland, in Rheinland-Pfalz und in Nordrhein-Westfalen. Inzwischen auch in Hamburg, 2018 massenhaft bei Elmshorn, im Wendland und sogar auf Helgoland.

Tja, unsere Orchideenfreunde ... Viele graben die Orchideen einfach aus und pflanzen sie woanders wieder aus. Die alljährlich um 70 Übersehenen Knabenkräuter auf Helgoland südöstlich der Jugendherberge schaffen es von alleine nie und nimmer bis hierher. So kommen ganz sicher auch einige andere »Fundorte« zustande. Leider ist das Ausgraben von Pflanzen eine immer noch allzu oft zu beobachtende Unsitte und dem Arten- und Biotopschutz absolut nicht dienlich.

Aus den Niederlanden kommt das Knabenkraut nach Niedersachsen und Nordrhein-Westfalen.

Es gibt zwei sehr gut unterscheidbare Varietäten dieses Neophyten, eine mit kreisrunden, schwarzen Ringflecken auf den Blättern und dunkelroten Blüten sowie eine Varietät eben ohne Flecken und rosa gefärbten Blüten. Eine fürwahr erstaunliche Entwicklung, da sonst in Deutschland so gut wie keine andere Orchidee von auswärts es zu etwas gebracht hat. Ebenfalls aus den Niederlanden herbeigeeilt ist die attraktive Englische Kratzdistel (*Cirsium dissectum*), die 1876 erstmals in Ostfriesland bei Leer gefunden wurde. Sie liebt magere, saure Moorwiesen und geht jedoch – eingebürgert im Zuge kurzzeitiger Ausdehnung nach Osten bis nach Bremen – derzeit aufgrund von Überdüngung und Entwässerungen wieder stark zurück.

Bastard-Hasenglöckchen

Hyacinthoides x *massartiana*
Familie der Hyazinthengewächse *(Hyacinthaceae)*

Dagegen ist das vielerorts schon so häufige, bis 50 Zentimeter hohe Bastard-Hasenglöckchen (*Hyacinthoides* x *massartiana*) ein regelrechter Anmacher, ein Draufgänger, einer der rangeht wie Blücher – zumal wieder ausgestattet mit unverwüstlichen Zwiebeln. Es handelt sich hier um eine eingebürgerte Hybride von Echtem Hasenglöckchen (immer reinblau) und Spanischem Hasenglöckchen (beide selten!). Die bisher noch nicht besiedelten Bereiche sind auch dem Nicht-auf-dem-Schirm-Haben geschuldet als einem tatsächlichen Fehlen. In Rosa, Weiß und meist Himmelblau an aufrechten, glatten Stängeln. Dabei sind die um 2 Zentimeter langen Glöckchen fast immer zu allen Seiten geneigt. Es ist eigentlich nicht zu übersehen, nur zu verkennen. Früchte als kugelige, vorne zugespitzte, geflügelte Kapseln – diese schräg aufrecht. Vor allem in Gehölzen der Siedlungen und in unmittelbarer Nähe, verschleppt mit Boden an Dämmen, Bahn- und Straßenböschungen, an und in Flusstälern, auf den Ostfriesischen Inseln (Borkum, Juist, Norderney) voll in die Dünen übergreifend. Dem gegenüber im Nordosten und südlich des Mains noch weitgehend Fehlanzeige. In Ingolstadt, Nürnberg, Ulm und Würzburg habe ich es aber selbst gesehen. Immer noch häufig kultiviert, Ausbreitung auch mit Gartenabfällen, inzwischen auch in gestörten Wäldern und in alten Industriegebieten.

Foto oben: Das Bastard-Hasenglöckchen im Garten von Schloss Ippenburg bei Osnabrück
Foto unten: Das Einjährige Silberblatt, hier mit rosafarbenen Blüten, seltener weiß blühend.

Einjähriges Silberblatt

Noch auffallender ist das Einjährige Silberblatt (*Lunaria annua*), der bekannte Silbertaler in Gedecken und Trockensträußen. Ein Losschläger vom Mittelmeer aus Gärten, Botanischen Gärten und Parks. Nicht immer beständig, aber doch immer mehr dahin. In Niedersachsen bis auf Harz und Solling flächig vertreten, auch auf fast allen Nordseeinseln. Bis einen Meter hoch und einjährig, beginnt die Blütezeit immer zeitiger, im Nordwesten und Westen bereits Ende März, meist bis Ende Juni. Oft ist diese Pflanze nur oben verzweigt an lichten, nährstoffreichen, nicht zu feuchten und nicht zu trockenen Stellen aller Art. An Waldrändern und Waldwegen auch wieder mit Gartenabfällen dahingelangt. Auf Bahnböschungen, Komposten, Lagerplätzen, Müllplätzen und Abbaugebieten ist das Einjährige Silberblatt schon beobachtet worden. Häufig zwischen Straßenbegleitgrün, wo nicht getreten und gemäht werden kann. Dekorative, flache, eiförmige bis fast kreisförmige, bis 5 Zentimeter lange Schoten bleiben oft bis in den Winter hinein sichtbar. Stocksteife Stängel werden von vielen Blättern verziert. Die unteren sind breit herzförmig und gestielt, und die oberen sitzen direkt an. Manchmal ein Meer in Rosa und selten in Weiß. Oft ergeben sich draußen in der Natur sogenannte Statusprobleme, also ob nun ausgesät oder wirklich verwildert bzw. schon eingebürgert, zumal das Einjährige Silberblatt diesbezüglich oft mit vergleichbaren Arten koaliert wie Flieder, Mahonie und Spierstrauch-Arten. Wird auch Mondviole oder Judas-Silberling genannt.

Lunaria annua
Familie der Kreuzblütler *(Brassicaceae)*

Nickender Milchstern

Ornithogalum nutans
Familie der Liliengewächse *(Lilaceae)*

Vor allem alte Parks hat sich der Nickende Milchstern in Deutschland als Refugium ausgesucht.

Ohne große Klappe, aber ganz viel dahinter, ist bei uns der Nickende Milchstern (*Ornithogalum nutans*) aus dem östlichen Mittelmeergebiet eingereist. Es gibt eine seltene, mehr grün-weiß blühende und eine häufigere, fast reinweiße Unterart. Bis auf den Norden und Westen ist der Nickende Milchstern schon ganz gut vorangekommen. Er ist jahreszeitlich eine temporäre Erscheinung, schon im Juli ist von ihm nichts mehr zu sehen. Um den 1. Mai entpuppen sich bis 50 Zentimeter hoch aufschwingende, blattlose Trauben mit bis zehn glockenartig nickenden Blüten als echter Frühjahrsschmuck. Mit sechs Blütenblättern, mal lang ausgestreckt, mal am Ende umgerollt. Bis sechs um 3 Zentimeter breite, lauchartige, mit weißem Mittelstreifen versehene Grundblätter sind am Ende oft verdreht und zur Blütezeit schon halb vergilbt oder gar ganz vertrocknet. Dann erst zeigen sich die Blütenstände an Böschungen, auf Friedhöfen, in Gehölzen, im Parkrasen, am Waldrand und in Weinbergen von ihrer allerbesten Seite. Im Boden sorgt eine kräftige Zwiebel für gute Versorgung. Optimal sind ziemlich trockene bis frische, lehmige und humose Böden sowie im Tagesverlauf wechselnde Lichtverhältnisse.

Zu frühes Mähen mag dieses Liliengewächs natürlich überhaupt nicht. Die Samen befinden sich in elliptischen Kapseln, die meist fünfteilig längs gekammert sind. Völlig vertrocknet kann man solche Gebilde, sofern in geschützter Lage, dann auch noch etwas länger

beobachten. Der Nickende Milchstern ist eine alte Zierpflanze, eine sogenannte Stinzenpflanze – aus dem Niederländischen: stinzen = pflanzen –, die gern für die Bepflanzung in Parks und Schlossgärten genutzt wurde. Die Zwiebeln wurden in ihrer Heimat früher gekocht, geröstet oder roh gegessen. Der Nickende Milchstern hieß auch einmal *Honorius nutans*, eine sehr gute Bezeichnung!

Pennsylvanisches Glaskraut

In Berlin mit seiner eng stehenden Bebauung fühlt sich das Pennsylvanische Glaskraut wohl.

Parietaria pensylvanica
Familie der Brennnesselgewächse *(Urticaceae)*

Eigentlich hatte ich hier vor, eines von zwei anderen Glaskräutern zu präsentieren, die auch noch viel mehr hergemacht hätten ... Leider musste ich aber lesen, dass Gewöhnliches Glaskraut und Mauer-Glaskraut aus Südeuropa sich schon vor 1500 mit uns eingelassen hatten. Sie gelten deshalb vor allem im Rheintal und im Unstrut-Saale-Tal, an Burgen, Schlössern und Gehölzsäumen, vor/an Mauern aller Art als eingebürgerte Archaeophyten.
Bleibt daher das meist deutlich schlankere, bis 80 Zentimeter hohe Pennsylvanische Glaskraut (*Parietaria pensylvanica*). Wie ein Brennnesselgewächs schon erahnen lässt, mit wenig attraktiven, graugrünen Blüten in blattachselständigen Knäueln. Und dieses Glaskraut ist eine fast rein Berliner Angelegenheit!
Aus Nordamerika stammend, ist es seit 1861 unter Sträuchern und Bäumen, in Rabatten, vor Mauern und Hauswänden, auf Schuttplätzen und an Straßen zu finden.
Eine Pflanze des Kalks, des Nährstoffs und des Schattens, am liebsten irgendwo im Hinterhof an schmuddeligen Stellen. Richtiggehend ein Berliner »Milljö-Gewächs«! Als einjährige Art, die anderen beiden dagegen sind ausdauernd-mehrjährig, werden von Mai bis November zahlreiche Blüten und dann Samen ausgebildet.
In Berlin breitet sich das Pennsylvanische Glaskraut zunehmend vom Stadtrand zur Mitte hin aus. Die graugrünen, schmalen Blätter sind zum Stiel und zur Spitze verschmälert. In der Literatur werden noch Dessau, Leipzig, Warnemünde und Gifhorn als Standorte genannt. Zumindest aus letzterer Stadt weiß ich, dass dieser Fund aus im Garten weggeworfenem Herbarmaterial hervorging – fast Satire, so was dann als Wildpflanze überhaupt aufzuführen.

Armenische Brombeere

Rubus armeniacus
Familie der Rosengewächse *(Rosaceae)*

Die Armenische Brombeere (*Rubus armeniacus*) ist inzwischen praktisch an allen nicht zu nassen oder zu trockenen Standorten zu finden.
Bis 1990 hatten viele dieses bis 3 Meter hohe, so ungemein wuchernde Monstrum noch nicht auf dem Zettel. Das liegt zum einen an der extrem artenreichen und verwechslungsträchtigen Gattung – allein in Deutschland gibt es inzwischen um die 400 Arten. Zum anderen liegt es an der oft bis dahin noch nicht sicheren Verwilderung. Doch inzwischen sind dieser Migrant aus dem Kaukasus und seine Expansion unübersehbar.
Zu dominant tritt diese ungenierte Pflanze inzwischen in weiten Teilen Deutschlands auf. Natürlich vor allem in Städten und Dörfern mit hier ein- und herausführenden Bahnen, Straßen und Wegen, Flüssen und Kanälen, Hecken und Zäunen.
Erst im März/April erfolgt der Blattwechsel, dann sind die hellen Blattunterseiten besonders gut zu sehen. Als Fruchtstrauch, vor 1900 bei uns eingeführt und daher sogar schon früh in Baumschulen gezogen, hat er mir schon öfter »das Leben« gerettet. Etwa in trocken-heißen Sommern an Bahnlinien, auf Industriebrachen und in Städten. Dann stille ich meinen Hunger mit den blau-schwarzen, bis 3 Zentimeter großen Beeren. Allerdings sind die auf den oft roten, leicht gebogenen zweijährigen Sprossen aufsitzenden Stacheln äußerst wehrhaft.
Binnen weniger Jahre/Jahrzehnte begräbt dieses Ungetüm ganze Hektare unter sich. Diese Brombeere bietet vielen Tieren Unterschlupf und Insekten bis weit in den Winter hinein Nahrung. Sicher, vielerorts in Gärten und Parks eine echte Plage. Aber ein Gewinn sind die um vier Zentimeter großen Blüten. Oft zuerst in leichtem Rosé, dann weiß und hübsch anzusehen mit zahlreichen zuerst gelblichen, dann dunklen Staubgefäßen. Es existiert noch eine zweite expansive Brombeere, die auch ansehnliche Geschlitztblättrige Brombeere (*Rubus laciniatus*). Sie »droht« aber nur lokal etwa im Raum Bremen, in Südniedersachsen, an Dünen vor allem auf Langeoog und wurde vermutlich in England gezüchtet.

Die Blüten der Armenischen Brombeere sind bei Bienen, Hummeln und Schmetterlingen beliebt.

IN GÄRTEN

VOM ZOTTIGEN FRANZOSENKRAUT BIS ZUR ASIATISCHEN KERMESBEERE

Beste Lebensbedingungen

Klassische Ursprünge von neuen pflanzlichen Expansionen sind Gärten. Zahlreiche Neophyten sind hier dauerhaft oder auch nur kurzzeitig zu finden. Die vielfältigen menschlichen Tätigkeiten, etwa Einbringen von Kulturpflanzen, ständiges Bodenlockern, das Düngen oder Wässern fördern eben nicht nur die gewollten Arten.

Gärten sind Ausgangspunkte zahlreicher heute fest eingebürgerter Ankömmlinge, die weiter auf Äcker, in Parks, an Gräben, Straßen und Wegen »übergesprungen« sind. Und immer wieder kehren sie auch in die Gärten zurück wie etwa der später behandelte Gemüse-Portulak (→ Seite 145). Eine hohe Robustheit gepaart mit freudig-hohen Samenmengen sind bei allen Grundvoraussetzung, um hier dauerhaft Fuß zu fassen. Einige Lebenskünstler davon habe ich schon bei Gehölzen und Rasenflächen abgehandelt, weitere kommen noch bei Äckern und Brachen. Darum an dieser Stelle nur drei »Neophyten der Gärten«. Anzumerken ist, dass die aus Südosteuropa eingeführte Kronen- bzw. Vexier-Nelke *(Silene coronarius)* sich in besonnten (Vor-)Gärten stark aussamt und von dort in benachbarte Pflasterflächen abwandert sowie mit Gartenabfällen auch an Hecken und Wälder gelangt. Oder die von Treppen und nahen Randrabatten aus Platzgründen hier nicht behandelte Armenische Traubenhyazinthe (*Muscari armeniacum*) mit schon im Oktober sichtbaren, zur Blütezeit im März bis Mai dann schlaffen bis verdorrten Blättern.

Beim Gehörnten Sauerklee scheiden sich die Geister – viele mögen ihn, andere rupfen ihn heraus.

Zottiges Franzosenkraut

Galinsoga ciliata
Familie der Korbblütler
(Asteraceae)

Gerne oute ich mich hier mal gleich als Franzosenkraut-Fan, da bin ich sicher in der Minderheit ... Stets blinzeln mich diese freudig-kleinen gelb-weißen Blütchen an, was auch an ihrem enorm langen Stehvermögen bezüglich ihren Blütezeiten liegt.
Im Nordwesten wachsen die beiden etwa gleich häufigen Arten Zottiges Franzosenkraut (*Galinsoga ciliata*) und Kleinblütiges Franzosenkraut (*Galinsoga parviflora*), hier blühend bis fast Weihnachten. Das ist dem Klimawandel geschuldet, wenn kein Frost kommt, machen diese eben einfach nur immer weiter. Irgendwann erwischt es dann aber beide.
Das Kleinblütige Franzosenkraut wird oft höher, dafür hat das Zottige die schöneren Blätter und Blüten. Es geht daher mit Letzterem weiter, welches etwa 40 Jahre später als das andere aus Mexiko bis Chile zu uns gekommen ist. Als Gefahr für Kartoffelfelder und sonstige Kulturflächen musste es zwischenzeitlich sogar polizeilich gemeldet werden. Drei, bis heute sogar vier Generationen, gepaart mit riesigen Samenmengen – bis 300.000 je Individuum –, sollten das rechtfertigen. Es ging zwischenzeitlich sogar um Preußens so eminent wichtige Kartoffelernte.
Ob nun aus Botanischen Gärten absichtlich irgendwo ausgesät oder aber einfach aus dem Hausgarten ausgebüxt, genau lässt sich ihre Premiere

im 19. Jahrhundert nicht mehr feststellen. Jedenfalls waren es nicht die Franzosen, die diese Neophyten zu uns gebracht haben. Denen hat man das nur als dem Erbfeind zur etwa gleichen Zeit in die Schuhe schieben wollen. Alle Versuche, auf den Namen Knopfkraut umzuschwenken, blieben ohne Erfolg. »Knopfkraut« – der ursprüngliche Name war dann doch zu populär.
Es ist auch tatsächlich keine Beleidigung, sich mal große Bestände von der auch als Behaartes Franzosenkraut bezeichneten Pflanze genauer anzusehen. Zu niedlich die knapp einen Zentimeter breiten Blüten und die weißlich-wolligen Stängel inklusive Blütenstiele. Die Blätter sind oft breitwegerichartig rundlich bis ellipsoid und ebenfalls behaart.
Das Zottige Franzosenkraut kommt mehr auf Lehm vor, verträgt auch Trockenheit besser und verzweigt sich schon sehr früh über der Erde. Trotz verspäteter Erscheinung bei uns hat es extrem aufgeholt und die Zwillingsart vor allem im Süden und Westen schon längst überholt. Eine Art nicht nur der Äcker und Gärten, sondern auch der Straßenränder direkt an der Fahrbahn, von Waldwegen, trocken gefallenen Flussufern und anthropogen gestörten Plätzen ganz allgemein. Beide Vertreter auf Äckern, jedoch fast nur in Hackfruchtkulturen wie Kartoffeln, Rüben, aber auch am und im Mais zu finden. Beide sind ausgewiesene Bodenlockerheits- und Nährstoffzeiger und ergeben einen vorzüglichen Wildsalat. Sie sind reich an Kalium und Phosphor und enthalten fünfmal so viel Magnesium sowie elfmal mehr Kalzium als eine gleiche Menge Kopfsalat. Alle oberirdischen Pflanzenteile kann man gebrauchen, selbst die Samen. Der lateinische Name ehrt den spanischen Hofarzt und Gründer des Botanischen Gartens in Madrid (Ignacio de Galinsoga, 1766 – 1797).

Es gibt bei uns zwei Arten von Franzosenkraut, das Behaarte (Foto) und das Kleinblütige.

Gehörnter Sauerklee

Bei kaum einem Streber divergieren die Meinungen so stark wie beim schlagfertigen Gehörnten Sauerklee (*Oxalis corniculata*) aus dem Mittelmeergebiet. Viele fühlen sich von ihm genervt, ja regelrecht gehörnt, wieder andere zeigen pure Freude. Dazu zähle auch ich – dieser Neubürger ist zugegeben einer meiner Lieblingsquereinsteiger. Aber ich besitze ja auch keinen eigenen Garten ...

Noch um 1980 war der Gehörnte Sauerklee überhaupt keine häufige Angelegenheit. In Hannover fand man ihn erst nur auf Friedhöfen und in einigen gartenstadtartigen Stadtvierteln mit besonntem Klinkerpflaster. Dann aber ging es richtig los – weitermarschierend in Gärten, in Baumschulen, Gärtnereien und Gewächshäusern, unter Hecken, zwischen Bordsteine, an Straßenränder, in Pflasterritzen, Kiesstreifen um Häuser, die dann erst in Mode kamen, zuletzt in abgetrocknet-kurzschürigem Haus- und Parkrasen. Selbst in Blumentöpfen bekommt man diese Art gratis mitgeliefert.

Oxalis corniculata
Familie der Sauerkleegewächse
(Oxalidaceae)

Eine botanische Untersuchung im Jahr 2008 in einer engen Bremer Wohnstraße, citynah gelegen, ergab: *Oxalis* war die einzige Pflanze in allen abgesuchten Gärten, egal wie schattig, egal wie klein. Ein meist bis 20 Zentimeter hoher Zwerg, der bis 60 Zentimeter breite Flatschen ausbilden kann. Und er blüht und fruchtet und fruchtet und blüht, von Mai bis November, in verzückendem Gelb. Unaufhaltsam, aber unterhaltsam!

Mein aufwendiger Versuch, als Landschaftsgärtner tätig zu werden und eine so »verseuchte« Hauseinfahrt 2009 komplett von diesem Eindringling zu befreien, sah ich spätestens im zweiten Jahr danach vollends gescheitert. Die Einfahrt sah nämlich genauso aus wie vorher, obwohl jede Platte und jeder Pflasterstein umgedreht worden waren.

Kaum ein Friedhof in Deutschland, keine Stadt mehr, wo der Gehörnte Sauerklee nicht wächst.

Die braunroten Blätter dieses Sauerklees sind sehr dekorativ, und fast witzig sind die zahlreichen, gebündelt nach oben stehenden, länglichen Samenstände: wie kleine Hörnchen.

Ein Licht-, Nährstoff-, Wärme- und Trittzeiger, bei uns zuerst als eine Grabpflanze verwendet. Der Gehörnte Sauerklee ist dermaßen engstirnig, dass er sich selbst noch in bestens gepflegten Anlagen finden lässt. Blätter, Blüten und frühe Fruchtstände kann man essen, Vitamine! Zu dieser innovativen Gattung zählen auch der Steife Sauerklee – seit 1761 in Mitteleuropa, auch an Äckern(!) – und seit wenigen Jahrzehnten der Dillenius Sauerklee – seit 1961, mit weißzottig behaarten Stängeln und Blattansätzen. Beide sind ebenfalls eingebürgert, blühen gelb, strapazieren nur nicht so die Nerven. Letzterer bildet keine Ausläufer.

Asiatische Kermesbeere

Phytolacca esculenta
Familie der Kermesbeerengewächse
(Phytolaccaceae)

Bei kaum einer anderen Art wurde ich in den letzten zehn Jahren so oft um Rat gefragt: »Was ist das denn?« und »Wo kommt die denn her?« Immer sind es erstaunte Gartenbesitzer oder interessierte Bürger in Dorf und Stadt.

Ja, diese Asiatische Kermesbeere (*Phytolacca esculenta*) – woher genau jetzt ihr Aufbruch einsetzte, das kann ich auch nicht sagen. Es muss sich um eine vielleicht sogar unbeabsichtigte Ausbringung irgendwo oder um eine erste Verschleppung handeln. Jedenfalls wird dieser ungewöhnliche Rumtreiber immer häufiger beobachtet. Auf Müllplätzen wächst noch die wesentlich seltenere Amerikanische Kermesbeere mit kaum gerillten Früchten.

Meist einzelne Pflanzen, mal zwei, aber immer häufiger auch über fünf Stück, findet man die Asiatische Kermesbeere an Gehölz- und Waldsäumen, auf Baumscheiben und Rabatten, im Grabeland, in Kleingartenanlagen und Weinbergen, aber immer zuerst in Gärten. Diese Art muss ich hier beschreiben, da sie zudem auch sehr ausdauernd ist und zukünftig auch bei uns besonders durch Vögel weiter an Gelände gewinnen wird.

Den Reiz dieses ungewöhnlichen, 1 bis 1,5 Meter hohen, späten Neueinsteigers machen seine zahlreichen rosa-weißen Blüten an langen, stehenden bis hängenden Trauben aus, die im Herbst dann in blauschwarzen, tief längsfurchigen Beeren enden.

Die bis 40 Zentimeter langen, ganzrandigen, eiförmig-elliptischen Blätter an oft eintriebigen Pflanzen sind schon an sich eine Zierde. Schon im Vorfrühling zeigt die Kermesbeere inmitten vertrocknetem Vorjahrsmaterial erste Blattansätze.

Die Asiatische Kermesbeere stammt aus Südostasien (China, Indien, Myanmar, Vietnam). Sie ist seit dem 19. Jahrhundert in Deutschland heimisch und breitet sich erst seit Mitte der 1980er-Jahre zunehmend bei uns aus.

Aus den saftigen Beeren lassen sich Farbmittel für Süßwaren und Wein herstellen. In ihrer Heimat wird diese Kermesbeere auch als Gemüsepflanze genutzt, ist jedoch roh leicht giftig.

In China ist die Pflanze schon 1000 vor Christus als Arzneipflanze bekannt, als ein Mittel gegen bronchiale Krankheiten, Ödeme und Tumore. Die Wurzel wurde wie die Tollkirsche als Rauschmittel verwendet. In Japan wird die Kermesbeere als Zusatzpflanze für den Reiswein Sake verwendet. Vielleicht lässt ja dieser weniger starke Querulant auch bei uns noch einiges erwarten.

Foto Seite 101: Die Asiatische Kermesbeere hat sich schleichend bei uns eingefunden.

AN MAUERN

VOM MAUER-ZIMBELKRAUT UND GELBEN LERCHENSPORN

Sie haben spartanische Ansprüche

Von den Gärten mit ihren ausgezeichneten Lebensbedingungen für viele Pflanzen gleich hinüber zu den Mauern, das ist naturgemäß ein schwierigeres Unterfangen. Lebensfeindlich sind hier Exposition, also der Einfluss äußerer Faktoren wie etwa die Sonneneinstrahlung, partielle Wasserarmut, Feinerdemangel und außerdem immer wiederkehrende Restaurierungsarbeiten.

Davon können schon vor dem Mittelalter zahlreiche Farne ein Lied singen, von denen als regionale, also nur teilgebietsweise Neophyten in Deutschland Mauerraute, Braunstieliger Streifenfarn, Schwarzer Streifenfarn, selbst der besonders seltene und gefährdete Milzfarn ihr Areal weit über ihre natürliche, ursprüngliche Verbreitung ins Norddeutsche Tiefland ausdehnen konnten.

Auch die hier nicht behandelten Arten Rote Spornblume (*Centranthus niger*), die viel auf Helgoland und als Wingertpflanze in der Pfalz vorkommt, und das Mauer-Glaskraut (*Parietaria judaica*) – verbreitet an zahlreichen rheinnahen Gemäuern – hätten in diesem Kapitel ebenfalls eine Chance verdient gehabt. So verbleiben an diesem Extremstandort nur wenige Spezialisten aus mediterran-südosteuropäischen Gefilden. Allen muss ein besonders hohes Stehvermögen attestiert werden, denn dieser eklatante Feinerdemangel ist ja wirklich kaum zum Aushalten, das tut mir immer schon beim Zuschauen weh.

An alten Ziegelmauern, an Mauerfüßen und um Treppenanlagen hält sich Gelber Lerchensporn.

Mauer-Zimbelkraut

Zu den allseits beliebten Einwanderern, und davon konnte sich bisher noch niemand freimachen, zählt das Mauer-Zimbelkraut (*Cymbalaria muralis*). Dieses ausdauernde Gewächs vom Balkan, aus Oberitalien und Slowenien wurde im wahrsten Sinne des Wortes herbeigesehnt. Dazu gab es regelrechte Aufrufe zur Ansiedlung in Mitteleuropa. Dieses gute Stück musste man unbedingt hier haben, sagten sich einige im 19. Jahrhundert. Und das mit ungeahntem Erfolg, denn auch in kleinen Orten mit nur wenigen Mauern lässt sich dieses Braunwurzgewächs ausmachen. Inzwischen ist es auch auf Bahnanlagen, Fußgängerzonen Straßenrandsäume, in den Kies der Industriegebiete oder an natürliche Felsen übergesiedelt, ja selbst auf etwas beschattetere Flachdächer.
Von Mai bis Oktober sind löwenmäulchenartige, anmutig weiß-hellviolette Blüten mit gelb gefleckten Unterlippen in lockeren bis dichten Vorhängen zu sehen. Jede Blüte etwa gut einen Zentimeter lang. Schmuck sind auch die anfangs violett-rötlichen, zimbelartigen, glänzenden, lang gestielten, grob drei- bis fünfteiligen Blätter Daher auch der Name nach dem heute kaum noch bekannten Schlaginstrument, der Zimbel.
Ein wahrer Langblüher, im gesamten Mittel- und Süddeutschland schon lange von Bestand. Im Norden noch längst nicht überall, eine typische

Cymbalaria muralis
Familie der Rachenblütler (*Scrophulariaceae*)

Dorf-, Friedhofs-, Park- und Stadtpflanze. Auch vor Mauerfüßen, in Lichtschächten, an Treppen und in Pflasterritzen zu sehen. Leider wurde das Zimbelkraut oft unnötig wegsaniert, aber dann zeigte es doch wieder eine erstaunliche Beharrlichkeit. Eine Feuchte-, Halbschatten-, Kalk- und Nährstoffpflanze. Eine sehr geselliger »Götterfunken« und weiter im Vorwärtsgang.
Das Mauer-Zimbelkraut ist eine wichtige Bienenpflanze. Die Samenkapseln werden als Dunkelkeimer (negativ phototroph) aktiv als Selbstaussäer in geeignete Mauerfugen gesteckt. Auf dem Boden ist es aber längst nicht so vital und langlebig wie an vertikalen Strukturen. Vermutet wird, dass dieser Neophyt erstmals mit Statuen in die Niederlande gelangt ist. Der Berliner Schriftsteller Heinrich Seidel hat sie um 1890 in Berlin angesalbt, das heißt, regelrecht angesiedelt.
Das Mauer-Zimbelkraut hat schon einige Umtaufungen hinter sich, wie einstmals *Linaria cymbalaria* und *Linaria muralis* benannt. Früher wurde es als Heilmittel gegen Entzündungen, bei Wunden und Frauenleiden eingesetzt.

Das Mauer-Zimbelkraut, per »Marschbefehl« zu uns gelangt, sollte in keiner Stadt mehr fehlen.

Auf meinen Exkursionen zeige ich ständig dieses plantare Wesen – immer sind alle hellauf begeistert. Viele kennen es auch schon, vor allem natürlich wieder die Frauen. Das kann ich nun wirklich nicht von vielen anderen Pflanzenarten behaupten ... Gerne in Gesellschaft mit der Mauerraute, an schattigen Stellen auch mit Braunstieligem Streifenfarn. Die ganz pralle Sonne aber meidet dieser Neophyt, denn dann sieht er eher kläglich aus mit dürren Sprossen und reduzierter Blütenanzahl.

Gelber Lerchensporn

Pseudofumaria lutea
Familie der Mohngewächse (*Papaveraceae*)

Eine ganz ähnliche Verbreitung wie das Mauer-Zimbelkraut zeigt auch der attraktive Gelbe Lerchensporn (*Pseudofumaria lutea,* synonym *Corydalis lutea*).
Bereits im 16. Jahrhundert nach Deutschland gekommen, fehlt er aber noch in weiten Gebieten des Nordens und konzentriert sich hier auf einige Großstädte wie Bremen, Hamburg, Berlin, Lübeck, Rostock und

separate Lokalitäten, etwa auf Bahnverladerampen, an Schlössern und Treppenanlagen. Die bis 20 Zentimeter hohen und bis 50 Zentimeter breiten »Bulten« des Gelben Lerchensporns blühen von Mai bis November, in geschützten Mauersituationen sogar noch etwas länger.
Die zarten, dünnen, mehrfach gefiederten Blätter sind immer in auffallenden Mengen vorhanden.
Als kleiner Junge war ich einmal mit meinem Vater in Linz am Rhein, da sah ich diese Art zuerst. Jetzt beim Schreiben fallen mir die Bremer Schlachte, Marburg mit einer Uraltmauer mit den Gebrüder-Grimm-Köpfen, das Kyffhäuser-Denkmal in Thüringen, der Ort Effeltrich in Franken im Forchheimer Land (die tolle Kirchhofmauer dort ist voll davon), Xanten am Niederrhein und die Burg Königstein bei Dresden ein – überall wächst der Gelbe Lerchensporn reichlich. Ebenfalls eine noch weiter expandierende Art ohne wirkliche Verdrängungskraft, die von den Südalpen zu uns gekommen ist. Der Gelbe Lerchensporn ist auch durchaus mal am Boden zu finden oder im Pflaster am Mauerfuß, im Lichtschacht oder vielleicht sogar in einer Trittroste – hier aber meist weniger prächtig.
An dieser Stelle erwähnt werden muss der blassgelbe, noch zartere Rankende Lerchensporn (*Ceratocapnos claviculata*), kein echter Neophyt! Er dehnt sich jedoch, ursprünglich nur nahe der niederländischen Grenze wachsend, rasant nach Osten aus – in entwässerten Erlenbrüchen, Heiden, Flachmooren, vor allem in bodensauren Birken- und Kiefernwäldern. Bald hat er Berlin, Rostock und Schwerin erreicht, denn er ist manchmal sogar auf alten Gräbern zu finden.
Zu den Mohngewächsen zählen auch die nachfolgenden ehemaligen Zierpflanzen: Der neophytisch unbeständige Schlaf-Mohn *(Papaver somniferum)* – in Weiß bis Hellviolett blühend, der Orientalische Mohn *(Papaver orientale)* – mit wenigen Vorkommen etwa an Bahnlinien, und der zuletzt stark expandierende Kambrische oder Wald-Scheinmohn (*Meconopsis cambrica*) – in Gelb bis Orange. Letzterer breitet sich massiv in Gärten aus, sich absetzend aufgrund vieler Samen und zäher Wurzeln insbesondere in Gesteinsritzen. Aber längst über Gartenzäune hinweg findet man den Wald-Scheinmohn inzwischen auch an Bordsteinen, Gehwegen, Heckensäumen und Straßenrändern.

Selbst im Schatten harrt der Gelbe Lerchensporn aus, leuchtend blühend von Juni bis Oktober.

AN STRASSEN

VON DER BEIFUSSBLÄTTRIGEN AMBROSIE BIS ZU LOESELS RAUKE

Wanderwege für Neubürger

Kaum an anderen Örtlichkeiten verändert sich die Flora so schnell und durchgreifend wie an Straßen. Bezüglich der Expansionsrasanz stehen die 13.200 Kilometer Autobahnen in Deutschland vor den 38.000 Kilometern Bundesstraßen, und die wiederum vor allen anderen. Überall findet man willensstarke Pflanzen-Neubürger.

Einmal in Korrespondenz zu angrenzenden Gräben, an Autobahnen aber auch zur unbefestigten Mitte, zu den Auf- und Abfahrten sowie vor allem zu den 450 Rastplätzen der Republik. Eine genaue Aufnahme im Jahr 2019 ergab beispielsweise gleich 260 Pflanzenarten auf der Raststätte Garbsen-Nord bei Hannover.

Etwa 1600 Kilometer Autobahnen besitzt alleine das Land Niedersachsen. Das sind fast 5000 Kilometer Säume mit teils hoch spezialisierter Flora. Abfälle, Nässe, Reifenabrieb, Schwermetalle, Tausalz, Trockenheit, Sonne wie Schatten, auch mal mager und dann wieder Nährstoffe im Überfluss sind vorhanden (hypertroph). Und nicht zu vergessen: Die Mäheinsätze können jederzeit Einfluss auf die Flora gewinnen – und das zu unterschiedlichen Jahreszeiten, wechselnd in den Jahren.

Straßen sind wahre Ausbreitungsmaschinen, Lenkseile und Wanderwege für viele Pflanzenarten. Von Osten nach Westen, von Süden nach Norden. Ständig wird neu gebaut, erstaunlich, wie schnell unterschiedliche Arten doch wieder Fuß fassen. Leider abträglich sind zunehmende Betonhoch-

Die Geschlitztblättrige Karde findet sich immer häufiger an Straßen und auf Brachgelände ein.

bauten inmitten der Autobahnen. Aber auch weniger gemähte Landstraßen sind bedeutsame Refugien. Seit Anfang der 1950er-Jahre hat sich der Gewöhnliche Salzschwaden, eine häufige Küstenpflanze im Schlick und erstmals im Binnenland nahe von Göttingen entdeckt, rasant an fast allen deutschen Straßenrändern breitgemacht. Und das alles bedingt durch die allmähliche Akkumulation der Tausalze, selbst etwa in Hochlagen des Harzes, an Straßen der Alpen, im Allgäu, so weit südlich des Tegernsees südlich von Rottach-Egern. Zwar ist der Gewöhnliche Salzschwaden kein Neophyt, aber in vielen Regionen Deutschlands ist er es schon.
In den letzten 20 Jahren hat der Krähenfuß-Wegerich diesem Gras nachgeeifert. Von einer Küstenpflanze im Sand nun auch schon fast am Alpenrand zu finden. An diesen Achsen des Einfallens und Wanderns wird sich auch zukünftig noch eine ganze Menge tun.
Weitere hier nicht behandelte, sich aber wie Neophyten verhaltende Arten: Breitblättrige Kresse, heimisch und sonst selten nur an der Ostsee. Dänisches Löffelkraut, inzwischen von der Küste bis zum Alpenrand vorgedrungen. Färber-Resede, Färber-Waid, Frühlings-Greiskraut – ein Neophyt aus Osteuropa. Gefleckter Schierling, Hunds-Kerbel, Krauser Ampfer, Salz- und Geflügelte Schuppenmiere – beide als Halophyten vor allem in Süd- und Ostdeutschland. Schutt-Kresse, gefördert durch Tausalze. Straußblütiger Ampfer und Wermut – beide freudige »Klimagewinner« längs von Straßen unserer sommertrockenen Gebiete.

Beifußblättrige Ambrosie

Ambrosia artemisiifolia
Familie der Korbblütler *(Asteraceae)*

Manchem fährt schon der Schreck in die Glieder, nicht beim Angesicht der Pflanze, sondern allein beim Hörensagen des Namens. So viel Wirbel hat diese schöne Art schon in Presse, Funk und Fernsehen erregt, Hysterie und Panik muss ich dazu sagen. Und so ist im Leben bei unserer heute um sich greifenden Naturferne fast alles eine Gefahr, was irgendwo und irgendwann auch tatsächlich hier mal zu Verbrennungen oder da zu einem asthmatischen Anfall geführt hat. Dagegen möchte ich antreten, und somit ist die bis 2 Meter hohe Beifußblättrige Ambrosie (*Ambrosia artemisiifolia*), auch Traubenkraut genannt, ein Muss in diesem Reigen. Dabei hat sie bisher kaum jemand zu Gesicht bekommen, obwohl regional schon mitten unter uns. In Berlin, in der Ober- und Niederlausitz, im Süden von Sachsen-Anhalt, um Dresden und im nördlichen Oberrheintal kann man diesem grau-grünen, von Juni bis Oktober blühenden Ausbüxling schon regelmäßiger begegnen. Vor allem an Straßenrändern, selbst wenn regelmäßig abgemäht.

In Deutschland liegen die Hauptareale der Beifußblättrigen Ambrosie in Bayern und der Lausitz.

In vielen Bereichen der Republik wächst sie jedoch nur unbeständig und gilt als sogenannte Vogelfutterpflanze, auch als Hafen-Adventivpflanze, also eine Pflanze, die dort ursprünglich nicht heimisch war. Neben Privatgärten und Häfen kommt diese graue Eminenz auch auf Komposten, Müllplätzen, mal in Sandgruben oder auf Brachäckern vor. Was man nicht kennt, sollte man auch nicht unbedingt anfassen, schon gar nicht als möglich Gefährdete/r davon essen. Wobei dieser Export aus Nordamerika, bei uns seit 1860, nicht mal giftig ist. Voll in die Karten spielen ihr immer längere Trockenphasen im Sommer und Herbst sowie immer höhere Durchschnittstemperaturen. Dafür kann aber die Pflanze mit bis zu 100.000 Samen je Individuum nichts.

Im Frühherbst 2020 gönnte ich mir nordwestlich der Stadt Forst/Brandenburg ein Butterbrot am Radweg, da saß ich doch voll in diesem Traubenkraut. Schon einmal abgemäht, aber munter wieder aufwachsend.

2006 arbeitete ich westlich von Detroit monatelang an Maisfeldern mit Millionen dieser

Die Verschiedensamige Melde bringt es auf eine Wuchshöhe von bis zu zwei Metern.

Spezies, doch nichts passierte, weder mir noch meinen Kollegen aus Mexiko und Polen. Dünne, doppelt fiederschnittige, hübsche Blätter sind wie der gesamte einjährige Import behaart. Männliche, gelbliche Blüten finden sich in Trauben glöckchenartig oben an mitunter weit ausladenden Pflanzen, weibliche in Grüppchen und unscheinbar darunter. Ein Exemplar kann bis zu einer Milliarde Pollen freisetzen. Erfolgsrezept sind ihre vielen Samen, die auch noch sehr langlebig sind. Diese Pflanze wird man im Auge behalten müssen. Wissenschaftler fanden heraus, dass durch Stickoxide aus Autoabgasen mehr Allergene im Pollen gebildet und damit die Beschwerden von Allergikern verstärkt werden.
Auch die Dreilappige Ambrosie und die Stauden-Ambrosie mit ähnlichen Eigenschaften liegen schon längst auf der Lauer. Letztere fand ich mehrfach in Berlin, einen großen Bestand 2019 sogar nicht weit entfernt vom Bundeskanzleramt.

Verschiedensamige Melde

Atriplex micrantha
Familie der Gänsefußgewächse
(Chenopodiaceae)

So richtig Tempo aufgenommen haben auch gleich mehrere der äußerlich unspektakulären Vagabunden der Gattung *Atriplex*. Reichlich Auswahl ist da inzwischen, die Wahl fällt auf die bis 2 Meter hohe Verschiedensamige Melde (*Atripex micrantha*). Eine echte Spätzünderin, aber Senkrechtstarterin der neuen Flora. Auf ihrer Arealkarte im bundesdeutschen Verbreitungsatlas der Gefäßpflanzen lassen sich noch immer mühelos zahlreiche Autobahnen nachzeichnen. Am Anfang stehen oft massenhaft kleine Pflänzchen nahe der Leitplanken mit kräftigen und schon unverhältnismäßig großen Dreiecksblättern, fast rechtwinklig an silbrigen Stängeln.

Selbst nach mehrmaliger Mahd im Jahr bleibt die Graukresse unverzagt und blüht bis Ende November.

Dann schießt sie ins Kraut und bildet schließlich zur Hochzeit im Spätsommer richtige Wände. Von Juli bis Anfang Oktober blühend, wandelt sich die zunächst silbriggraue Farbe in ein Rötlich um, und die Sprossspitzen hängen dann über. Ganz besonders inmitten der Autobahnen verstärken sie so ungewollt noch den Effekt der Mittelleitplanken. Nährstoffe, Sonne, Tausalz und Wechselfeuchte gefallen ihr. Abmähen ist gar nicht so schlimm, oft kommen die Straßenmeistereien eh zu spät. Dann setzt die Verschiedensamige Melde nach und blüht noch einmal in nur 30 bis 40 Zentimetern Höhe. Inzwischen wächst dieser Neophyt auch abseits der Autobahnen längs vieler Bundesstraßen und auch Landstraßen. Zudem verschleppt und oft nur unbeständig an Gräben, Kalihalden, Lagerplätzen, Mülldeponien und schon an Flussufern wie Elbe, Main und Rhein. Die Verschiedensamige Melde stammt aus Mittelasien bis China. 1906 wurde sie im Rheinhafen von Straßburg gesichtet, seit 1934 in Deutschland, seit 1987 in Niedersachsen, seit 1998 im Bremer Gebiet. Gebietsweise noch häufiger ist die Glanz-Melde (*Atriplex sagittata*), ebenfalls ein Neophyt aus Asien. Sie war vor dem Senkrechtstarter *Atriplex micrantha* die häufigste Melde-Art an unseren Autobahnen und wurde von dort inzwischen vollständig verdrängt. Beide werden auch immer mal verwechselt. Ebenfalls erfolgreiche Migranten sind Rosen-Melde (*Atriplex rosea*) sowie vor allem an Straßen in Ostdeutschland Langblättrige Melde (*Atriplex oblongifolia*) und Tataren-Melde (*Atriplex tatarica*). Alle ebenfalls mit silbriggrauem Teint. Letztere wird meist nur bis 80 Zentimeter hoch, verzweigt sich stark und hat buchtig bis gelappte, silbrig-schülfrige Blätter. Alle sind längst noch nicht am Ende ihrer Entwicklung, wobei aber aktuell die Rosen-Melde aus vielen Gebieten wieder verschwunden ist.

Graukresse

Deutlich gemäßigter, aber nicht weniger auffallend, eher eingesickert als eingebrochen ist die bis in den Dezember hinein blühende Graukresse (*Berteroa incana*). Auch ein Wegelagerer, den man bestens schon vom fahrenden Auto aus erkennen kann. Was weniger an ihrer Höhe von nur 30 bis 60 Zentimetern liegt als vielmehr an oft teppichartigem Auftreten. Weiß wie Schnee zeichnen sich lange Straßensäume, aber auch Böschungen, Rasenränder, Brachen und in Ostdeutschland auch zunehmend trockenere Wiesen ab. Und das noch gesteigert ab August nach einer ersten Mahd. Autobahnen sind nicht so sehr Graukressen's Ding, wahrscheinlich wegen des Tausalzes.

An zahlreichen graugrünen Sprossen zu allen Seiten machen noch während der Blüte inzwischen ab Ende April die zahlreich aufdrapierten, elliptischen Schötchen was her. Bis einen Zentimeter hoch werden ihre Oberfläche wie die der Blätter mit zahlreichen Sternhaaren geschmückt. Lustig dazu sieht der aufgesetzte, langlebige Griffel aus. Und fällt das Schötchen dann zur Samenreife auseinander, bleiben silberne Schotenwände noch lange erhalten und schillern in der Sonne.

Aus Polen und noch weiter östlich stammend, ist die Graukresse zuerst über die Eisenbahnen zu uns gekommen und platziert sich neben sommerwärmebegünstigten Tieflagen schon weit auch in die flacheren Mittelgebirge hinein. Der Westdrang ist auch noch nicht abgeschlossen. In Richtung Niederlande tut sich *Berteroa* aber immer noch schwer.

Von den Blüten und Früchten esse ich regelmäßig, sie schmecken kohlartig bis leicht scharf. Der einjährige bis nur kurz ausdauernde Kreuzblütler zeigt eher Trockenheit an als viele Nährstoffe. Als extrem genügsame, kaum protzige Pflanze mit Nehmerqualitäten fühlt sie sich wohl in durch Bahnen, Straßen und Wege zerschnittenen Landschaften. Im gesamten Rheintal, im Rhein-Main-Gebiet und in Mittel- und Unterfranken auch schon richtig häufig. Die Samenverbreitung wird zudem gefördert durch ewige Mähmaßnahmen. Bedeutsame Bienenfutterpflanze, wichtig gerade auch noch im Herbst.

Berteroa incana
Familie der Kreuzblütler *(Brassicaceae)*

Pfeilkresse

Mit eben angepriesenem Neophyten hat die Pfeilkresse (*Cardaria draba,* auch *Lepidium draba*) gleich mindestens sechs Dinge gemeinsam: Familienzugehörigkeit, schneeweiße Blütenfarbe, ihre flächenhafte Erscheinung, Wuchshöhe, beide vertragen spielend Mahden und dass sie essbar sind.

Wie Schnee Ende April bis Ende Mai verzaubert die Pfeilkresse Teile der deutschen Straßenränder.

Cardaria draba
Familie der Kreuzblütler (*Brassicaceae*)

Nur stammt *Cardaria* aus dem südlichen und südöstlichen Mittelmeergebiet und gelangte ab 1728 zu uns über das Elsass und die Schweiz. Ist die Graukresse ein Sandzeiger, ist die Pfeilkresse ein Lehm- und Tonzeiger und blüht im Südwesten bereits ab April, im Nordosten bis Juli, vor allem wenn sie schon mal abgeschnitten wurde.
Dann zeigt sie, gerne im Kontakt zum Tausalz oder am Rand von Flusstälern, mit strahlend weißen Bändern ihr wahres Gesicht. Wirklich ein Ritter der Säume, denn auch an Böschungen, Dämmen und Grabenrändern, im lückigen Weideland, auf Schuttplätzen und mit Boden verschleppt auch gerne mal sonstwo zu finden.
Die grauhaarige Wucherpflanze besitzt im Austrieb oft hellviolette, dann dunkelgrüne, bis 6 Zentimeter lange und bis 3 Zentimeter breite Blätter, die alternierend und herzförmig stängelumfassend befestigt sind.
Zahlreiche unter einen Zentimeter breite Blütchen und um 0,5 Zentimeter breite, ebenfalls herzförmige Schötchen schließen sich an. Ehe Graukressen ab Juli/August dann noch länger sichtbar ein eher trauriges Dasein fristen. Dabei werden die Samen gar nicht gebraucht, das erledigen queckengleich traumwandlerisch sicher schon ihre unverdrossenen Ausläufer unter der Erde. Eine Pflanzenart der Wärmegebiete, aber auch regelmäßig auf alten Deichen der Nordsee, auf fast allen Nordseeinseln, viel in Bremerhaven, Hamburg und Rostock.
Die Pfleilkresse meidet dagegen die großen Moor-, Sand- und Waldgebiete sowie Gebirgslagen. Darum auch südöstlich einer Linie oberer Neckar–Bayreuth–Dresden kaum vorhanden oder fehlend (aber häufig im Raum Regensburg zu sehen).
Dieser Einwanderer ist ein ausgewiesener Nährstoffzeiger, ein sogenannter Wurzelkriechpionier, bis 1 Meter tief wurzelnd. Ein Immigrant mit Zukunft, da extrem widerstandsfähig.
Eine wichtige Bienen- und Fliegenblume. Blätter, Blüten, junge Sprosse und Samen (Senföle als Pfefferersatz) mit scharfem Geschmack. Die Graukresse wird als Salat- und Würzpflanze genutzt.
Genau das wissen bereits nicht wenige Leute, wie mir vor allem im Mitteldeutschen Trockengebiet aufgefallen ist. Vermutlich landete die Pfeilkresse zu alten DDR-Zeiten auch in manchem Privatgarten, dann sozusagen als Notvorrat an Pfeffer.

Schmalblättriger Doppelsame

Diplotaxis tenuifolia
Familie der Kreuzblütler (*Brassicaceae*)

Ja erstaunlich, an dieser Stelle gibt es jetzt ein Stelldichein der Kreuzblütler. In vielem müsste ich mich bei der Beschreibung wiederholen, was auch auf den bis 80 Zentimeter hohen, oft in kugeligen Büschen wachsenden Schmalblättrigen Doppelsamen (*Diplotaxis tenuifolia*) zutrifft.

Vor allem nach einer ersten Mahd säumen knallschwefelgelbe Streifen inmitten oder am Rand Haupt-, aber auch Nebenstraßen. Und das gar nicht mal mehr nur in praller Sonne, nein, klimaverändert auch schon im Schatten der Häuserschluchten.
Bis knapp 2 Zentimeter breite Blüten, im Optimum massenhaft an sparrig verzweigten Sprossen sitzend, verströmen von Mai bis inzwischen November einen toll-süßlichen Duft. Nicht nur ich werde davon angezogen, nein, auch Fliegen und Bienen. Der Schmalblättrige Doppelsame wird auch Stink-Rauke genannt, total daneben, wie ich meine!
Die grünlichen, manchmal auch rötlichen Blätter sind schmal, grob fiederteilig mit linearen Abschnitten. Gerieben riecht die ganze Pflanze nach Schweinebraten, was die einen mögen, die andern nicht. Ich bekomme dann immer gleich Hunger auf eine Gemüsebrühe, auf Braten oder wenigstens eine Tüte Chips. Zugegeben, auch nicht ganz normal ...
Der Schmalblättrige Doppelsame ist eine kräftige, ausdauernde Pflanze aus dem Mittelmeergebiet, seit 1768 schon bei uns. Ein Basen-, Bodenverdichtungs-, Lehm-, Licht-, Nährstoff- und auch Tausalzzeiger.
Außerdem ist er ist eine wertvolle Gemüse-, Salat- und Würzpflanze (»Wilder Rucola«). Die würzig-scharfen Blätter kann man vom Frühjahr bis zum Spätsommer ernten. Sie sollten am besten frisch verzehrt werden, zum Trocknen eignen sie sich dagegen nicht. Vor allem ihr Gehalt an Senföl-Glykosiden macht diese Pflanze so gesund. Die Scharfstoffe stärken das Immunsystem und wirken antibakteriell. Außerdem enthält die Pflanze auch viele Vitamine wie beispielsweise Beta-Carotin und Mineralstoffe wie Kalium, Eisen und Magnesium.

Der Schmalblättrige Doppelsame ist ein Alleskönner. Er duftet intensiv nach Honig.

Und nicht jeder hat noch einen kleinen Bruder, schon gar nicht mitgepilgert aus gleicher Region – der Schmalblättrige Doppelsame aber schon: Der Mauer-Doppelsame (*Diplotaxis muralis*), meist »nur« einjährig, bis 50 Zentimeter hoch auch wesentlich kleiner.
Der Mauer-Doppelsame mag es noch geschützter und nährstoffreicher, bleibt aber eher im Umbauten und gedeiht am liebsten mit weiteren einjährigen Bewerbern im Bodenlockeren mit gesteigertem anthropogenem, also durch den Menschen verursachten Störungsgrad. Ein Hundeurin-, Kalk-, Stickstoff – und auch Trittzeiger. Ein Laternenhocker, viel eher als die Zwillingsart auch in Pflasterritzen zu finden. Die Pflanze ist ebenso verwertbar und reich an Vitaminen und Mineralstoffen wie ihr großer Bruder, der Schmalblättrige Doppelsame.

Schlitzblättrige Karde

Dipsacus laciniatus
Familie der Kardengewächse
(*Dipsacaceae*)

Deutlich seltener ist der folgende Kandidat, aber auch schon im Kommen, die Schlitzblättrige Karde (*Dipsacus laciniatus*). Ein ungemein sperrig-stacheliger Akrobat von 1,5 bis 2,5 Metern Höhe. Selbst Laien kennen vielleicht unsere einheimische Wilde Karde (*Dipsacus fullonum*), die hier ist aber noch eine andere Nummer.
Vor allem längs von Autobahnen, aber auch an breiteren und schmaleren Straßen sowie auf Brachgelände kann man sie bewundern. Ein zweijähriger Neophyt aus dem östlichen Mittelmeergebiet, vermutlich hier zuerst Zierpflanze. Danach hat sie sich eher schleichend abgesetzt, die Fundorte mehren sich jedenfalls. Zuerst gesehen habe ich die Schlitzblättrige Karde auf dem Güterbahnhof Rotenburg zwischen Bremen in Hamburg. Erst waren es etwa 20 Pflanzen, heute sind es inklusive Rosetten über 500. Richtige Gestalten sind das im zweiten Jahr, danach sterben ja alle Karden ab und machen sich dann noch lange als pflanzliche Mumien bzw. Trockensträuße bemerkbar.
Auch am Bahnhof Hiltrup südlich von Münster – 2019 an der Ladestraße über 1000 Stück, 2017 ff. auf dem A2-Rastplatz bei Beckum/Westfalen, 2017 ff. an der Ausfallstraße südlich von Soest/Westfalen und in Stuttgart, 2000 an Autobahnen um Augsburg, in Bremen seit mindestens 2000 am Neustädter Hafen, im nördlichen Harzvorland, und auch im Oberrheintal habe ich diese Nicht-Distel schon gesehen. 2020 zahlreich vor den Stadtmauern von Rothenburg ob der Tauber, 2021 öfter im Breisgau.
Ihre weißlichen Blüten von Juli bis August beginnen mittig im facettenaugenartigen, walzlichen Blütenkopf und wandern dann weiter nach oben und unten. Bis 50 Zentimeter lange, fiederteilige Blätter, die graugrünen Grundblätter vorher sind ganzrandig und zur Blütezeit schon vertrocknet, sind am Stängel tütenartig verwachsen. So wird nach Regenfällen das Wasser noch ein paar Tage länger gespeichert.
Die Schlitzblättrige Karde benebelt sich also selbst sehr trickreich. Eine kalk-, licht- und wärmeliebende Pflanze auf offenen, gerne auch steinigen Böden. Mit extrem kurzer, oben rübenartig verdickter Pfahlwurzel, eine Meisterin von Genügsamkeit und Power.
Ob sie uns auch entgiftend und gegen die Borreliose helfen kann wie die Wilde Karde (*Dipsacus fullonum*), ist noch nicht erforscht. Wie alle Karden eine Bienen-, Fliegen-, Hummel- und auch Schmetterlingspflanze. 2020 sah ich z. B. zahlreiche Kaisermäntel in Rothenburg/Bayern. Ebenfalls nicht einheimisch sind die Schlanke Karde (*Dipsacus strigosus*) und früher angebaut die Weber-Karde (*Dipsacus sativus*).

Foto Seite 115: Die Schlitzblättrige Karde kann Regen sammeln und sich so selbst befeuchten.

Klebriger Alant

Mit Macht und für viele unmerklich hat sich der im Mittelmeergebiet heimische Klebrige Alant (*Dittrichia graveolens*) bei uns festgesetzt. Zuerst um 1950 im Elsass und im Oberrheingraben aufgefallen, hat er einen ungeahnten Siegeszug hinter sich, sozusagen von 0 auf 100 in nur 25 Jahren.
Dabei hat ihm wieder das deutsche Autobahnnetz geholfen. Zuerst ist von der einjährigen, 10 bis 70 Zentimeter hohen Art noch gar nichts zu sehen, sieht man hie und da unter den Leitplanken von vertrocknet-schwarzen Resten des Vorjahres ab. Allmählich kommen in kleinen Pulks oder lineal auch mal über Kilometer so graugrüne, kegelig geformte, rechtwinklig verzweigte Heerscharen von Tannenbäumchen auf. Sowohl am Rand, aber vor allem in der Mitte der Fahrbahnen. Hier kommt man meistens sehr schlecht ran, am ehesten noch an Auf- und Abfahrten, aber ich sage Ihnen: So was Klebriges und so was toll aromatisch Duftendes habe ich vorher noch nie gesehen, wohl besser gespürt und gerochen.
Die meist erst ab Ende August und im Frühherbst ausgebildeten, bis einen Zentimeter langen Blüten sind gelb und außen rötlich. Später tritt dann ein Aspektwandel ein – sind alle Samen ausgefallen, glänzen die zahlreichen silbrigen, tellerartigen Blütenkopfböden in der Herbstsonne. In Niedersachsen zuerst 1992 auf einem nicht mehr existenten Stahlwerksgelände in Osnabrück aufgefallen, inzwischen aber auch im Hafen Oldenburg, auf Wanderdünen bei Mainz, um Frankfurt und Rastatt, an Kalihalden. Seit Längerem bereits im Ruhrgebiet auf noch offenen Halden und auf recycelten Schlackenrückständen der Industrieflächen – 2020 teils massenhaft bei der Zeche Zollverein in Essen.
Im September/Oktober sehen die Pflanzen dann wirklich wie kleine Weihnachtsbäume mit Lichterkettchen aus. Wenig verdrängend, ganz anders als der ebenfalls ums Mittelmeer beheimatete, buschig wachsende, aber ausdauernde große Bruder *Dittrichia viscosa*, was übersetzt ebenfalls Klebriger Alant heißt. Dieser hat sich allerdings bisher noch nicht nördlich der Alpen blicken lassen.

Bei uns liegen die meisten Vorkommen des Klebrigen Alants an Autobahnen.

Dittrichia graveolens
Familie der Asterngewächse *(Asteraceae)*

Nordischer Ampfer

Rumex longifolius
Familie der
Knöterichgewächse
(Polygonaceae)

Für mich selbst erst eine junge Errungenschaft ist der Langblättrige Ampfer (*Rumex longifolius*) – auch Gemüse-Ampfer oder Nordischer Ampfer genannt. Er kann leicht mit dem noch selteneren, aber schon länger bei uns kultivierten Garten-Ampfer (*Rumex patientia*) – auch als Englischer Spinat bezeichnet – verwechselt werden.
2014 stand ich so in Bad Frankenhausen am Kyffhäusergebirge (Thüringen) an einer Straßenböschung vor einem Rätsel: Im Juni schon einige prächtige Ampfer, das war klar. Aber ehe ich mich etwas später darum kümmern konnte, waren sie auch schon abgemäht. Hartnäckig, wie ich bin, setzte ich nach und konnte schließlich bei einem Supermarkt im gleichen Ort diese Pflanze als Nordischen Ampfer sichern. Und beim Ausschwärmen in die nahe Umgebung gab es nach Osten zwischen Bad Frankenhausen fast bis Artern eine wahre Phalanx dieses prächtigen Neophyten. 2020 entdeckte ich ihn auch zahlreich vom Magdeburger Kreuz aus lang nach Süden längs der A14. Und zudem südlich von Mainz längs von Autobahnen um Alzey in Rheinhessen.
Kennzeichnend sind seine ziemlich früh im Jahr schon erreichte Höhe von 1 bis 1,7 Meter, demzufolge eine Blütezeit von Ende Mai bis August, ein frühes Fruchten in Rot-Braun und oft rötliche Stängel. Diese buschige Pflanze besitzt lang gestielt längliche, randlich leicht gewellte Blätter von 5 bis 7 Zentimetern Breite, bis fünf Mal so lang wie breit. Die Valven, so werden die runzeligen bis geflügelten Früchte bei den Ampfern genannt, sind fast glatt, fast ganzrandig und weisen keine Schwielen auf. Auch im Erzgebirge und im Raum Schleswig-Flensburg wächst diese auffallende Fackel, die wohl mal aus Kulturen entwichen ist. Eine bisher nicht verdrängende Neuerscheinung mit rübenartiger Wurzel auf basenreichen, frischen, lehmigen, nährstoffreichen, vollbesonnten Böden. Im Gebirge auch in altem Dauergrünland. Herkunft unbekannt, vielleicht ging sie auch aus Krausem Ampfer und Wasser-Ampfer hervor.

Der Nordische Ampfer fällt schon im Juni mit kräftigen Blättern und Blütenständen auf.

Spanischer Mauerpfeffer

Sedum hispanicum
Familie der Dickblattgewächse *(Crassulaceae)*

Etwas unerwartet bei uns seit 1860 zum Dauergast formiert hat sich der Spanische Mauerpfeffer (*Sedum hispanicum*). Kurios ist, dass er in Spanien gar nicht vorkommt, sondern aus Südosteuropa stammt. Andere Stimmen sagen, er sei vermutlich aus gärtnerischer Kultur entwickelt, und heißt daher auch Blaugrüner Mauerpfeffer. Eher ein akkurater Schleicher mit allmählicher Ausbreitung.
Die Arealkarte verkündet, dass er im nördlichen Oberrheingraben, zwischen Donau und Allgäu/Bodensee, in Bayern vor allem nördlich der Donau und in Sachsen schon gut Fuß gefasst hat. Für Niedersachsen/Bremen lässt sich sagen, dass er auch hier schon eingebürgert ist, etwa auf Bahn- und Industriegelände, in Siedlungsrabatten, nicht selten am Rand von asphaltierten Grabenüberfahrten zu Äckern und schon fast häufig im Gestein des Elbe-Seiten-Kanals. Auch auf Felsen und Mauern, zudem im Zuge von extensiven Dachbegrünungen von Flachdächern und Hochhäusern herabgeweht.
Diese ein- bis zweijährige, um 10 Zentimeter hohe, attraktive Fetthenne blüht von Juni bis August in Weiß mit rotem Mittelstreifen. Meistens sieht man sechs bis sieben Kronblättchen und zehn Staubgefäße, ein hübsches Konzert. Die grau-bläulichen, weichen Blätter sind spindelartig rund, vorne zugespitzt und um einen Zentimeter lang. Dieser eingebürgerte Neophyt hält sich überall da auf, wo er nicht getreten werden kann, gerne auch mit Mildem und besonders mit Scharfem Mauerpfeffer. Alles sind Sonnenanbeter, benötigen durchlässige, kiesig-sandige Böden oder geringe Erdauflagen über Gestein. Insgesamt überhaupt nicht häufig kultiviert und damit keineswegs öfter gepflanzt, wie gerne kolportiert wird. Ausbreitung mittels Sprossstückchen, eine Verbreitung mit Samen soll bei uns noch nicht nachgewiesen worden sein. Dieses Dickblattgewächs wird unter weiter veränderten, wärmeren Umweltbedingungen sicherlich vorankommen. Vielleicht dann sogar leicht schattenverträglich.

Zu den stillen Einwanderern zählt der Spanische Mauerpfeffer. Er stammt vom östlichen Mittelmeer.

Schmalblättriges Greiskraut

Senecio inaequidens
Familie der Korbblütler *(Asteraceae)*

Eine ganz spezifische Wanderpflanze ist das Schmalblättrige Greiskraut (*Senecio inaequidens*) aus Südafrika, in Fachkreisen auch »Bremer Greiskraut« oder »Autobahngold« genannt.
Zuerst 1896 wurde es mit Schafwolle an eine der zwei Nordbremer Baumwollkämmereien verschleppt, in Bremen-Blumenthal. Dort verharrte es viele Jahrzehnte. Das ging bis 1965 etwa, dann brach das Zeug aus, endlich nutzte es die Werkbahnen und Zufahrtsstraßen. Auch aus Richtung Antwerpen und Genua rollte dieser Neophyt inzwischen auf Deutschland zu. Irgendwann vereinigten sich die Teilareale.
Viele machten sich nach 1980 extra auf die Suche längs von Autobahnen und Eisenbahnen, um diesen Korbblütler ja irgendwo als Erstes gefunden zu haben. Unglaublich hastig überschwemmte dieses zuerst noch bis in den Januar blühende Gewächs Deutschland und tut es auch heute noch. Längst hat es die Inseln Borkum, Langeoog, Wangerooge und selbst Helgoland erreicht. 2020 war es an der Bundesstraße schon kurz vor Garmisch-Partenkirchen angekommen.
Dieses halbkugelige, an der Basis längst sogar verholzende *Senecio* wird bis 65 Zentimeter hoch und besticht durch seine dichte Verzweigung mit von Juni bis immer noch Dezember höchstens 2,5 Zentimeter breiten Blüten. Oft sind die schmalen Blütenblätter als Hitzeschutz umgerollt. Inzwischen bleibt bei diesem Drängler, ein freundlicher Furor und Globalist, kein Augen trocken. Es dringt ein in lichte Wälder, gestörte Heiden (Truppenübungsplätze!), ist manchmal massenhaft Bestandteil von Brachäckern und lässt sich auch in Dachrinnen, im Grünland, in Kellerschächten, auf Mauern oder einfach so in Vorgärten nieder. Seine leichten Samen fliegen eben überall hin.
In den letzten trockenen Sommern schwächelte diese an sich so robuste Kreation an Bahnen und Autobahnen selbst in Deutschland und bräunte dann gebietsweise aus. Um aber dann den späten August-/Septemberregen dankend aufzunehmen und ab Oktober noch mal voll mit Blüten zuzuschlagen. Die wie alle Greiskräuter durch Pyrrolizidinalkaloide giftige Pflanze wird von Tieren nicht gefressen – gleich 6000 Blütenpflanzen weltweit besitzen diesen Fraßschutz. Lat. *inaequidens* = ungleichzähnig bezieht sich auf die nur fast ganzrandigen Blätter, sind sie doch tatsächlich grob und ungleichmäßig schwach gezähnt. Ebenfalls neu bei uns, aber ab 1850 aus Polen und Russland, ist das aparte Frühlings-Greiskraut *(Senecio vernalis)*, das aber einjährig ist, schon ab April blüht und sich durchaus häufig mit dem hier behandelten Autobahngold verbandelt.

Foto Seite 119: Erstmals nach Bremen wurde das Schmalblättrige Greiskraut 1896 verschleppt.

Loesels Rauke

Sisymbrium loeselii
Familie der Kreuzblütler *(Brassicaceae)*

Bei der Gattung Rauke hätten sich gleich mehrere Aspiranten als voll eingenischte Neophyten angeboten: Glanz-Rauke, Niedrige Rauke, Orientalische Rauke, Wolga-Rauke und vor allem auch die ausladend-kugelig-opulente Ungarische Rauke mit ihren über 10 Zentimeter langen Schoten. Die Qual der Wahl, die Gattung Rauke als Speerspitze der Newcomer, nun gut: Abgefertigt wird hier Loesels Rauke (*Sisymbrium loeselii*). Das macht Sinn, denn wie von Geisterhand gelenkt, deckt sich ihr Hauptareal exakt mit den Grenzen der neuen Bundesländer.
Aus dieser Richtung ist das meist 1 bis 1,8 Meter hohe Gewächs mit den knapp einen Zentimeter großen Blüten auch nach Deutschland eingereist: aus Osteuropa und Zentralasien. Und natürlich geht es immer weiter, vor allem in Niedersachsen, Bremen, Hamburg, am mittleren Main, um Regensburg, in Rheinhessen, im Ruhrgebiet und in der Kölner Buch. Also wie schon oft in üblicherweise verdächtigen Regionen, wenn es um wärmeliebende, der Sommertrockenheit am besten trotzende Vertreter geht. An Gräben, Straßen und Wegen, inzwischen auch auf Äckern und vertrockneten Rasen, vor Gebüschen, in Abbaugebieten und Häfen, auf Bahngelände und kurzzeitigen Brachen, an Kanälen, auf Böschungen, Lagerplätzen und Müllkippen. Als Einjährige nicht immer von Dauer, aber ein oft massenhaftes Aufkommen sichert ihr über Samen das Überleben. Fiederspaltige, bis 15 Zentimeter lange Blätter, Sprosse und auch bis 4 Zentimeter lange Schoten sind behaart. Eine Anpassung gegen Licht, übermäßige Verdunstung und auch Tierfraß. In der zweiten Jahreshälfte schon von Weitem an den zahlreichen sparrig und fast rechtwinklig abstehenden, dünnen Schoten zu erkennen. Eine Art mit immer mehr verlängerter Blütezeit, jetzt von Mai bis November. Samenausbreitung auch durch Verwehung der gesamten Pflanze (»Steppenroller«). Blüten, Blätter, junge Sprosse und Schoten sowie die Samen können als Würze für Salate, Gemüse und Fleischgerichte genutzt werden.

Mit der häufigste Neophyt in Ostdeutschland ist Loesels Rauke.

AUF UND AN BAHNANLAGEN

VON DER BESEN-RADMELDE BIS ZUM TRAUBIGEN KLETTENGRAS

Wohlfühlbiotop vieler Neophyten

Jetzt kommen endlich meine Lieblingsbiotope: Güterbahnhöfe, Personenbahnhöfe, Bahnstrecken, Gruben-, Hafen-, Industrie- und Werkbahnen, ja sogar kurze Inselbahnen auf Borkum, Langeoog oder Wangerooge können plantare Schnäppchen bieten. Ein echter Extrem- und Sonderbiotop, der vielen Neuankömmlingen voll in die Karten spielt. Für viele höchste Eisenbahn, auf etwa 38.500 Kilometern in Deutschland.

Hier ist es heiß und trocken, der Boden ist durchlässig, von nährstoffarm bis nährstoffreich ist auf Bahngelände alles vertreten. Und der Zugverkehr kann die Kirsche auf der Torte sein. Nicht nur mich schlagen die bunten und ungewöhnlichen Artenkombinationen von Bahnanlagen bereits seit meiner Studienzeit in ihren Bann.

Die Eisenbahnfloristik begeisterte die Botaniker bereits im 19. Jahrhundert, etwa in Berlin oder in Hannover. Mein eigener »locus classicus« ist der Güterbahnhof Hannover-Herrenhausen, aber auch der in Hannover-Linden. Und 1985 in West-Berlin der Anhalter Bahnhof (Lehrter Bahnhof, Gleisdreieck) – inspiziert beim mehrmonatigen Arbeitsaufenthalt anlässlich der Bundesgartenschau in Berlin-Britz, damals noch fast vollständig erhalten.

Wehmütig schaute ich dabei über die Mauer auf die wüsten Schuttflächen in Ost-Berlin ... Alles längst Geschichte, viele Güterbahnhöfe sind bundesweit umgewidmet worden, zerstört, zugewachsen, der Bahnverkehr

Bahnanlagen, hier mit dem Purpur-Storchschnabel, zählen zu den buntesten Lebensräumen.

auf heute nur noch wenige Gleise beschränkt. Auch ist das Sicherheitsbedürfnis seitdem extrem gestiegen: Musste ich anlässlich meiner Diplomarbeit vor 1990 auf 67 Bahnhöfen nur einen läppischen Wisch »auf eigene Verantwortung« unterschreiben, türmen sich heute hohe Maschendrahtzäune oder gar Lärmschutzwände vor einem auf.
Umso erstaunter ist man, wenn man dann doch noch einigermaßen ungehindert wohin kann, wie etwa in den letzten drei Jahren in Bremen-Oslebshausen, Hanau, Lehrte, Leipzig, Minden, Worms oder auf gleich mehrere Bahnanlagen in München.
Von diesen Flächen handeln die nächsten zwölf Wanderpflanzen. Beileibe nicht die Einzigen, denn immer wieder breiteten sich gerade längs der Bahnen zumindest gebietsweise auch einheimische Arten wie Neophyten aus. Ein Musterbeispiel ist der Dreifinger-Steinbrech (*Saxifraga tridactylites*), der als ehemals seltene Felsen- und Dünenpflanze urplötzlich ab 1980 die Schotterflächen der Deutschen Bahn für sich entdeckte und rasant nach Norden wanderte. Alle überregionalen Gleise waren sofort anhand des Kartenbildes deutbar. Auch Binsen-Knorpellattich, Blutrote Fingerhirse, Dolden-Spurre, Dreiteiliger Ehrenpreis, Großer Bocksbart, Kahles Bruchkraut, Kleiner Orant, Mäuseschwanz-Federschwingel, Rosen-Melde, Sand-Schaumkresse oder Sichelmöhre wurden so von der Bahn weit fortgetragen. Sie zählen zwar teils bundeslandweit, aber insgesamt in Deutschland eben nicht zu den Neophyten.

Zu den sehr unscheinbar blühenden Gänsefuß-Gewächsen zählt die Besen-Radmelde.

Bassia scoparia
Familie der Gänsefußgewächse *(Chenopodiaceae)*

Besen-Radmelde

Eher auf leisen Sohlen und nur wenig aufsässig hat sich die einjährige Besen-Radmelde (*Bassia scoparia*, synonym *Kochia scoparia*) bei uns eingefunden. Kaum beachtet, liegt das weniger an ihrer Größe von 30 bis immerhin 130 Zentimetern als an ihrer mausgrauen Erscheinung. Sie macht sich sozusagen einen schlanken Fuß (»Sommer-Zypresse«), tritt aber nicht selten in Heerscharen auf. Zuerst sah ich sie noch als Student Ende der 1980er-Jahre auf dem Bahnhof Hannover-Kleefeld und weiter östlich zahlreich an der Bahn bei Anderten. Hier ist sie leider längst durch Bauarbeiten vernichtet. Die aus Südosteuropa und Asien stammende Schlichtheit, auch in Nordamerika in Trockengebieten eingebürgert, entdeckte ich dann erneut 2020 in Mengen unter der Brücke der Autobahn 9 über die Saale zwischen Weißenfels und Bad Dürrenberg in Sachsen-Anhalt und beschloss spontan: »Die muss ins Buch rein!« In Ost-Deutschland in und um Berlin sowie in den drei südlichen Bundesländern ist die Besen-Radmelde schon lange eingebürgert. In den westlichen Bundesländern tut sie sich schwerer, ist hier an einigen Standorten auch wieder verschwunden, so auch um Bremen.
Die durch zahlreiche Haare graue und stark verästelte Pflanze besitzt schmal-lineare, bis 50 Zentimeter lange Blätter. Die Blüten sitzen nach Art der Gänsefüße in kleinen Knäueln blattachselständig an auch gelblich-rötlichen, recht dünnen Stängeln. So gerüstet trotzt sie zunehmender Trockenheit. Unter Brücken beispielsweise ist das von Vorteil, kommt hier doch nur Tropfwasser von den Fahrbahnen herunter, hier besetzt dieser schlagfertige Neubürger die lebensfeindlichsten Stellen. Gerne mit anderen unerschrockenen Rebellen wie Glanz-, Langblättriger und Tataren-Melde, mit Schutt-Kresse, Ungarischem Salzkraut sowie Fuchsschwanz- und Rauken-Arten. Heutzutage Schuttpflanze auf und an Umschlagplätzen und Müllkippen, an Bahnlinien und Straßen, in Abbaugebieten oder auf Brachgelände. Mit Kies und Sand, mit Licht und Nährstoffen. Früher erst Zierpflanze, blühend von August bis Oktober, kann sie auch als Vieh- und Hühnerfutter genutzt werden.

Chinesischer Schmetterlingsstrauch

Buddleja davidii
Familie der Sommerfliedergewächse *(Buddlejaceae)*

Der Chinesische Schmetterlingsstrauch (*Buddleja davidii*) ist schon lange eine prägende Gestalt in Gärten und Parks. Hier verhält er sich wie eine einheimische Pflanze. Tatsächlich ist *Buddleja,* auch Sommerflieder genannt, ein Import aus China.
Von der Metropolregion Rhein-Ruhr längs des Rheins bis nach Lörrach besetzt er lückenlos die Landschaften, biegt ein ins Mosel- und Saartal, den Main, den Neckar, ab ins Bodenseegebiet und seine Randbereiche. Im Norden und Osten tat sich dieser von Juli bis September in bis 30 Zentimeter langen, dicht-walzlichen Rispen blühende Schmetterlingsstrauch lange Zeit schwer und fehlt hier wild wachsend immer noch über weite Strecken. Um 1995 nur hie und da junge Einzelpflanzen auf Brachen, an Bordsteinen und in Pflasterritzen deuteten sein Potenzial an. Nimmt man Berlin, Hamburg, Braunschweig, Bremen oder Hannover sowie vereinzelte Bahnvorkommen davon mal aus. Jetzt holt der Strauch das allmählich nach, wird aber in seinem Vorwärtsdrang durch ständiges Kappen gehindert. Auf den heute zu nichts mehr nützen Güterbahnhöfen im Ruhrgebiet wird er regelmäßig von Draisinen abgemäht, was ihn gar nicht anficht. Auch an die oberen Kanten von Fließgewässern, in Abbaugebieten, Felsregionen, Schluchten und auf Industriegelände hat er sich abgesetzt.
Zur Blütezeit als stark duftende Nektarpflanze Gast von Schmetterlingen, Bienen sowie Hummeln. Selten auch weiß blühend, spätfrostempfindlich, aber auch früh blühfähig schon im zweiten Jahr, dabei noch flach auf dem Boden liegend. Extrem hohe Samenproduktion. An den Enden sehr leichte geflügelte Samen, daher Windausbreitung als Ballonflieger. Der Strauch verträgt ein recht rigides Absägen von 0,5 bis 1 m über der Erde tadellos und schlägt danach dann aus »schlafenden Augen« wieder aus. Die lateinischen Namen ehren den englischen Botaniker A. Buddle (1660 – 1715) und den französischen Missionar A. David (1826 – 1900). Letzterer brachte ihn auch 1869 erstmals nach Europa.

Der Chinesische Schmetterlingsstrauch wächst immer häufiger außerhalb von Gärten.

Sparrige Flockenblume

Centaurea diffusa
Familie der Korbblütler *(Asteraceae)*

Tatsächlich bestechend ist die nächste Teilnehmerin, die Sparrige Flockenblume (*Centaurea diffusa*) mit unten zwei- bis dreifach zerteilten und oben ganzrandig-linealen Blättchen. »Bewehrte« oder »Stechende Flockenblume« wäre viel treffender gewesen, denn ihre Hüllblätter tun bei Unachtsamkeit richtig doll weh.

Wirklich sparrig zu allen Seiten verzweigt, kann dieses extrem hitzeliebende Gewächs bis 60 Zentimeter hoch werden. Sie ist dermaßen widerstandsfähig, dass ein vertrocknetes Exemplar noch Jahrzehnte danach unverändert in der Vase überdauern kann. Aus Westasien und Südwesteuropa entsprungen, habe ich diesen einjährigen Steppenroller, ausgestattet mit einer kräftigen Pfahlwurzel, bisher in Berlin (1985), Braunschweig (viel 1991, noch 2019), Hildesheim (1993), in Haßloch/Pfalz (viel 2013), auf der Fahrt von Magdeburg nach Halle (2018) und jetzt 2020 in Görlitz sowie massenhaft in Bautzen gesehen. Immer nur an und auf Bahngelände. Auch mal breiter als hoch werdend, besiedelt diese dermaßen gut versicherte Sparrige Flockenblume fast vegetationslose Schotterflächen und Ladestraßenränder von Güter- und Personenbahnhöfen. Auch in Pflasterfugen, auf Sand und Schutt – mit Gewöhnlichem Natternkopf, Ungarischem Salzkraut, Tüpfel-Johanniskraut, Wilder Möhre und Steinklee-Arten. Blüht weiß bis selten rosa von Juli bis Oktober und versucht dies bis zuletzt noch in durch Dauertritt erbärmlichstem Zustand. Eine echte Kämpferin, seit 1867 in Deutschland, auch in Tagebaugebieten des Ostens. Nördlich einer Linie Aachen–Essen–Braunschweig–Berlin aber immer noch fehlend. Selbst in weiten Teilen Nordamerikas in Trockengebieten ein eingebürgerter Steppenroller. Durch Dornen und Dörnchen an den Hüllblättern ausgereift sehr anhänglich und auch deshalb auf der Überholspur. Bis zu 18.000 bis gut 2 Millimeter lange Samen werden produziert. Die Sparrige Flockenblume ist insgesamt in Deutschland noch selten und stellenweise auch nur unbeständig.

Wehrhaft ist die Sparrige Flockenblume mit ihren rosa-weißen, bedornten Blütenköpfchen.

Kaum eine Pflanze hat so ein Missverhältnis von ziemlicher Wuchshöhe und so kleinen Blütchen.

Kurzfrüchtiges Weidenröschen

Epilobium brachycarpum
Familie der Nachtkerzengewächse *(Onagraceae)*

Einer der jüngsten Kinder bezüglich Einwanderungszeit und Dauerhaftigkeit in Deutschland ist das Kurzfrüchtige Weidenröschen (*Epilobium brachycarpum*). Kaum für möglich gehalten wurde, dass diese schlanke Erscheinung nach ihrem ersten Bemerken 1994 im Süden schon 2013 Bremen erreichen könnte. Hier hat es in kurzer Zeit auf dem Güterbahnhof Oslebshausen Bestände mit 100.000 Exemplaren aufgebaut.
Los ging es zunächst in Nordwestbayern und in Rheinhessen. 2018 sah ich es bei Gießen in verwilderten Kleingartengebieten, 2020 zahlreich auf dem Bahnhof Fulda, 2021 viel in Schweinfurt und Wiesbaden-Gustavsburg, selbst in Weinbergen am Spessart. Ganz sicher ist es eine Errungenschaft von Bahnanlagen, häufig gerade dort, wo sonst nichts wächst oder ihm allenfalls Purpur-Storchschnabel, Ruprechts-Storchschnabel und ein paar Einjährige folgen können. Hier kann es auch am besten seine Stärken ausspielen, seine enorme Bescheidenheit in punkto Blatt- und Blütengröße! Selbst ebenfalls annuell, also einjährig – übrigens als einzige unter unseren 20 Weidenröschen! –, gibt es wohl kaum ein Gewächs bei uns, wo eine Wuchshöhe bis 1,5 Meter und eine an sich auffallende sparrige Verzweigung dermaßen im Missverhältnis zur winzigen Blütengröße steht. Die rosa Blüten von Juli bis Oktober werden nur um 0,5 Zentimeter groß, wie Stecknadelköpfe sitzen sie am Ende der kümmerlichen Sprosse. Auch die Blätter sind fast nadelförmig, ganzrandig bis leicht gezähnt, um bei kaum 3 Millimeter Breite zu enden. Erst wenn man direkt davorsteht, wird man dieser Art gewahr. Vermutlich in Zukunft auch eine neue Pflanze der Mauerfüße, Steinbrüche und weiterer Weinberge.

Noch immer ist bei uns der Purpur-Storchschnabel fast nur im Schotter der Bahnanlagen etabliert.

Purpur-Storchschnabel

Auch der Purpur-Storchschnabel (*Geranium purpureum*) aus dem Mittelmeergebiet ist ein Schnellstarter. Beispielsweise in Bremen erst 1997 und in Niedersachsen erstmals 1995 gesehen, hatte er allein hier schon 2003 gut 110 Quadranten, das heißt Kartenraster von etwa 5,5 x 5,5 km Kantenlänge, besetzt. Allesamt nur auf den Strecken der Deutschen Bundesbahn. Er ist ein Abziehbild des ebenfalls bahnaffinen Ruprechts bzw. Stink-Storchschnabels (*Geranium robertianum*). Nur kleiner, etwas eher blühend, mit gelben statt violettrötlichen Staubgefäßen und im Umfang oft rundlichen, zarteren Grundblättern.
Wie gesät tauchte plötzlich vor allem auch längs der freien Strecken dieses Storchschnabel-Exponat auf. Selbst vom fahrenden Zug erkenne ich diesen Neophyten an teppichartigem Auftreten und zur Blütezeit leicht orangefarbenem Hauch der ganzen Pflanze. Seine Größe bis 30 Zentimeter und sein im Sommer sehr sperriger, von fahrenden Zügen oft flach rasierter Habitus tun ein Übriges.
Ob Güterbahnhof oder Personenbahnhof, freie Strecke, ob Hafen-, Museums- oder Werkbahn, überall muss man heute mit diesem hübschen Neubürger rechnen. In Bremen auch schon längst in bahnnahen Zierrabatten, im Süden auch an Straßenrändern und in Industriegebieten. Im Nordosten und Osten noch viel seltener, bedingt auch durch das allererste Eindringen über das Oberrheintal (1890). Ebenfalls, wenn auch auf Bahngelände bedeutend weniger eifrig, machen sich der seltene und einheimische Glänzende Storchschnabel und verstärkt der ebenfalls erst eingewanderte Rundblättrige Storchschnabel bemerkbar. Alle drei sind oft im Trio zu haben und in Mengen selbst im Bergland von Mallorca.
Zwei weitere eingebürgerte Storchschnäbel sind der schon weit fortgeschrittene Pyrenäen-Storchschnabel (*Geranium pyrenaicum,* auch auf Bahngelände) aus Südwesteuropa und in den letzten 20 Jahren vor allem durch ortsnahe Gartenabfälle der extrem wucherige Felsen-Storchschnabel (*Geranium macrorrhizum* – auch an Bahndämmen, meist aber an Waldrändern) mit ganz überwiegend hellvioletten Blüten.

Geranium purpureum
Familie der Storchschnabelgewächse *(Geraniaceae)*

Sparriges Gummikraut

Grindelia squarrosa
Familie der Korbblütler (*Asteraceae*)

Meinen Augen wollte ich 2011 nicht trauen, als mir ein befreundeter Botaniker hier aus Bremen das Sparrige Gummikraut (*Grindelia squarrosa*) ans Herz legte. Und das auch noch auf dem Gelände der Wollkämmerei Bremen-Blumenthal – genau dort, wo 1896 schon zuerst in Europa Schmalblättriges Greiskraut zu besichtigen war.

So etwas hatte ich nun wirklich nicht im »sommerkühlen« Bremen erwartet. Später noch 2018 in Hamburg in der neuen Speicherstadt/Hafencity und 2016 in großer Zahl auf dem Leipziger Hauptgüterbahnhof entdeckt, besitzt diese Pflanze eine besondere Spezialität.

Bevor sich im Juni bis September die goldgelben, bis 5 Zentimeter breiten Blüten öffnen, die aussehen wie kleine Sonnenblumen, wird auf den Knospen zwischen den noch geschlossenen Hüllblättern ein milchweißer, latexartiger Harz gebildet. Er klebt wie Pattex und sieht aus wie die Milch beim Kautschuk, ist eben nur viel zäher. Das muss eine Art Sonnenreme sein zum Schutz offensichtlich unerwartet empfindlicher Knospen. Anders ist dieses Phänomen nicht zu erklären.

Die dunkelgrünen Blätter sind eiförmig und am Rand leicht dornig gesäumt. Die bis 80 Zentimeter hohe Schönheit ist aus den Prärien Nordamerikas entflohen und erst seit Kurzem bei uns – im Osten seit 1950. Vielleicht ist sie noch nicht flächig eingebürgert, einige Standorte in Ostdeutschland gehen auch durch permanente Vernichtung von Bahnanlagen flöten.

In Bremen vermutlich ebenfalls durch Schafwolle eingeschleppt und leider nur wenige Jahre etabliert. Auch auf Rügen, in Schwerin, im Süden von Sachsen-Anhalt (Angersdorf bei Halle, Bitterfeld, Wolfen, Pouch, am Geiseltalsee), längs der Bahnlinie von Halle nach Leipzig (Schkeuditz, Engelsdorf) und in Unterfranken (Würzburg). Nach 1900 schon in Ludwigshafen (1905, 1907), in Duisburg-Homberg (1913) und in Düsseldorf (1915). Das Gummikraut ist eine alte Heilpflanze, die in der ehemaligen DDR auch kultiviert wurde. Sicher ein Widerständler der Zukunft, der steppenartiges Klima verträgt.

Vergleichsweise selten ist das Sparrige Gummikraut mit seiner klebrigen Milch um die Knospen.

Eine Pflanze der Umschlagplätze wie etwa Güterbahnhöfe ist der Gewöhnliche Grausenf.

Gewöhnlicher Grausenf

Bundesweit noch nicht so viel reden von sich gemacht hat der Gewöhnliche Grausenf (*Hirschfeldia incana,* synonym *Erucastrum incanum*). Das liegt aber auch an einer gewissen Phobie vieler, die sich von den zahlreichen gelb und weiß blühenden Kreuzblütlern irritieren, wenn nicht sogar abschrecken lassen. Das ist bei diesem erstmals 1850 bei uns aufgetauchten Schöterich gar nicht nötig. Er besitzt viele eindeutige Merkmale, dass er als unverwechselbar bezeichnet werden muss. Da wären einmal graue, leierartige, vorne breit mit abgesetzten Endlappen versehene Grundblätter. Dann die sparrige Verzweigung mit nur noch verhältnismäßig wenigen, aber immer noch vorne ungefiederten Blättern an immer noch grauen, behaarten Stängeln. Dann goldgelbe, kleine, um 0,5 Zentimeter breite Blüten und vor allem die typischen Schötchen. Diese sind nur einen Zentimeter lang, liegen dem Stängel wie gebügelt eng an und besitzen oben eine Spitze, abgesetzt wie bei einem Mini-Penis. Von einiger Entfernung sieht man seine Fruchtstände überhaupt nicht, wie bei unserer ähnlichen, aber allgegenwärtigen Wege-Rauke. So was habe ich persönlich im Pflanzenreich noch nie gesehen. Zudem sind die sehr kurzen Schötchenstiele leicht verdickt. Und am Ende der Vegetationsperiode bringt es dieser einjährige bis winterannuelle Kreuzblütler doch noch auf erstaunliche 100 Zentimeter. Und dort, wo er sich wohlfühlt, gerne auch in großer Menge. Der Gewöhnliche Grausenf ist auf Umschlagplätzen aller Art, Bahngelände, Mülldeponien, in Bremen massenhaft um eine Vogelfutterfabrik mit Bahnanschluss und auch sonst an Hafenbahnen anzutreffen.
Voll in der Sonne, im Kalk, in Nährstoffen, im Trockenen, oft da, wo sonst niemand mehr folgen will. Eine Spezies mit geradezu lachhaft kleinem Wurzelsystem – mit Penis zwar, aber in der Hose praktisch nichts ... In Hamburg fast gar nicht, häufiger im Ruhrgebiet, in/um Rostock, Berlin, Dresden, Frankfurt sowie im südlichen Sachsen-Anhalt. Nicht überall beständig, liebt neben kontaminiertem Sand auch lehmig-steinigen Boden.

Hirschfeldia incana
Familie der Kreuzblütler
(Brassicaceae)

Virginische Kresse

Lepidium virginicum
Familie der Kreuzblütler
(Brassicaceae)

Die Qual der Wahl besteht auch bei diversen Kresse-Arten, denn es warten gleich vier mögliche Neophyten. Nicht Dichtblütige Kresse, Durchwachsenblättrige Kresse oder Verschiedenblättrige Kresse, sondern die Virginische Kresse (*Lepidium virginicum*) soll es sein.
Eine anmutige Erscheinung, in der oberen Hälfte besenartig gestaltet und bis 60 Zentimeter hoch. Zu allen Seiten verzweigt und im Gegensatz zu manch anderer Kresse mit sichtbar weißen Blüten, was sie schon einmal ganz eindeutig von den anderen Arten abhebt. Sie blüht von Mai bis Oktober extrem fleißig und ist inzwischen längst auch nicht mehr nur auf Bahngelände zu beobachten.
Die ein- bis zweijährige Pflanze aus der Neuen Welt besitzt verhältnismäßig kleine, schlanke, bis 3 Zentimeter lange, gleichmäßig scharf gesägte Stängelblätter. Etwas anders gestaltete Grundblätter vergilben während der Vegetationsperiode rasch. Zahlreiche flache, ziemlich dicht drapierte, runde, 3 bis 4 Millimeter große Schötchen verfeinern das Gesamtbild. Sie sind am oberen Rand schmal geflügelt.
Die Samenverbreitung erfolgt durch Niederschläge (»Regenballist«) oder verursacht durch elastische Stängel mithilfe einer Schleuderausbreitung beim Gegentreten (Tierstreuer). Die Samen sind sehr langlebig. Gerne auch auf Lagerplätzen und Pflasterflächen, an Straßen und Wegen und auf Brachgelände.
Richtig häufig schon im urbanen West- und Süddeutschland sowie in Berlin, Brandenburg und Sachsen. Seit 1786 in Mitteleuropa, auch mit Getreidelieferungen verschleppt, wird sie sich weiter aufmachen, ohne dabei zu verdrängen. Bekommt zum Ende hin nach der Samenreife oft einen leicht rötlichen Anflug.
Essbar, leicht würzig, aber wenig ergiebig. Die Pflanze riecht nicht nach Kresse wie die deutlich häufigere und oft zusammen vergesellschaftete Schutt-Kresse. Als langjähriger Kresse-Fan hätte ich hier gerne noch einen weiten Neophyten davon »verwurstet«, aber es geht ohne weiter …

Immer kugelig auf Stelzen kommt der Langblüher Virginische Kresse aus Nordamerika daher.

Gelbe Bartsie

Parentucellia viscosa
Familie der Rachenblütler *(Scrophulariaceae)*

Die Gelbe Bartsie besticht durch ihre Behaarung und die zitronengelben Blüten im Hochsommer.

Überhaupt nicht von schlechten Eltern ist die bis 50 Zentimeter hohe Gelbe Bartsie (*Parentucellia viscosa*, synonym *Bartsia viscosa*), die mich auch immer auf Mallorca verzückt. Richtig kleben tut diese Pflanze eigentlich nicht, sie ist nur stark drüsig behaart.
In Niedersachsen in den 1980er-Jahren am Mittellandkanal kurzzeitig etabliert durch Einbringung durch Grassamen. Aber im Norden von Wilhelmshaven längs von Hafengleisen konstant seit mehr als 20 Jahren. Ein Grenzfall für das Thema Neophyten!
In kurzwüchsigen Gräben, auf Truppenübungsplätzen und Stahlwerksaschen, an Straßenrändern (Autobahnausfahrten) und in Industriegebieten zu finden. In Nordwestdeutschland wohl durch Spülfelder gefördert. Um 1990 verstärkt im Osnabrücker Land. Sonst auch noch in Mecklenburg-Vorpommen, im Rheinland und in Südbayern nachgewiesen.

Die Gelbe Bartsie brilliert von Juni bis August mit dunkelgelben, um 2 Zentimeter langen Blüten, die Unterlippe ist dreilappig. Im Kontext zu graugrünen, lanzettlich grob gezähnten Blättern. Es wird fast immer nur ein einziger Spross aufgebaut. Ein seltener Licht-, Nährstoffmangel-, Sand- und Wechselfeuchtezeiger, er mag keine Konkurrenz. Wird vermutlich auch noch durch leichte Salzbeeinflussung gefördert.

Sand-Wegerich

Auch diese extrem wärmeliebende Art geht für mich auf das Jahr 1985 zurück, denn in Berlin anlässlich meiner Arbeit auf dem Bundesgartenschaugelände in Britz wohnte ich im Studentenwohnheim nahe am Berliner Funkturm, und da geisterte auch der Sand-Wegerich herum (*Plantago arenaria*, synonym *Plantago indica*, *Psyllium arenarium*) – an Parkplatzrändern, auf kleinen Sandbrachen und unter Bäumen. Lang, lang ist es her, 2017 war ich da

mal wieder zu Fuß unterwegs: nichts mehr da vom Sand-Wegerich zu finden. Natürlich kommt er als Vagabund in Berlin immer mal wieder vor, aber der ganz große Bahnhof ist durch die massive Freiflächenvernichtung in der Hauptstadt auch für ihn vorbei.
Auf dem Güterbahnhof Hainholz in Hannover gab es Ende der 1980er-Jahre mal einen mehrtausendfachen Bestand, ebenfalls Geschichte. In Bremen auch auf Bahngelände, auf Wollkämmereigelände und vorübergehend auf freien Strecken sogenannter Museumsbahnen zu entdecken.
Dieser Neuanfänger aus dem östlichen Mittelmeergebiet wächst aber teils massenhaft an Autobahnen im Frankfurter Raum. Millionen stehen häufig dicht gedrängt im Mainzer Sand, und auch in der Lausitz sah ich ihn 2020 an mehreren Stellen – etwa 10.000 Individuen auf dem Bahnhof Guben.
Der Sand-Flohsame, wie er auch tituliert wird, hat tatsächlich auf Sand sein größtes Stehvermögen. Da ist er in der Nordhälfte des Oberrheintales oder ganz im Osten genau richtig. Wie er, meist 10 bis 40 Zentimeter hoch, mit seinen bis zu zehn Armen in alle Richtungen fuchtelt! Das hat was! Er ist nämlich nicht geradeaus einschäftig wie andere Wegeriche, sondern er verzweigt sich oben, entweder aus einem Punkt heraus oder in wenigen übereinander. Das hat etwas Freches, Kokettes, Groteskes. Ich freue mich immer über dieses behaarte Unikum! Blütezeit ist von Mai bis Oktober, dann verstärken die gelben Mini-Staubgefäße wie kleine Teletubbies den witzigen Eindruck noch. Die annuelle (einjährige) Pflanze besitzt sehr schmale, bis 7 Zentimeter lange, wechselnd gegenständige Blätter. Alles ist perfekt ausgerichtet für lange Trockenperioden in der zweiten Jahreshälfte.
Im Mainzer Sand beispielsweise mit ebenso begnadeten Mitstreitern wie Knolliges Rispengras, Kegeliges Leimkraut, Sand-Lieschgras, Sand-Strohblume, Ungarisches Salzkraut und die in Deutschland fast ausgestorbene Sand-Radmelde (*Bassia laniflora*).
Im westlichen Mittelmeergebiet wird dieser Wegerich mit gleichem Habitus vom Flohsamen-Wegerich (*Plantago atra*) ersetzt. Der sieht auch noch ganz genau so aus und ist ziemlich häufig etwa auf Mallorca zu beobachten. Wie alle Wegeriche wertvoll als Heiler bei Insektenstichen und Schnitten – ein natürliches Wundverschlussmittel.

Der Sand-Wegerich ist oben immer sparrig verzweigt und daran leicht zu erkennen.

Plantago arenaria
Familie der Wegerichgewächse *(Plantaginaceae)*

Ungarisches Salzkraut

Salsola ruthenica
Familie der Gänsefußgewächse
(Chenopodiaceae)

Ein weiterer pflanzlicher Extremist ist das ebenfalls als Steppenläufer (Tumbleweed) zu bezeichnende Ungarische Salzkraut (*Salsola ruthenica*, synonym *Salsola tragus, Kali salsola*). Er firmiert auch unter den Namen Bocks-Salzkraut, Ruthenisches Salzkraut, Steppen-Salzkraut, Ukraine-Salzkraut. So wird schon die Herkunft deutlich, aus Südosteuropa, aus West- und Innerasien. Vor allem mit der Bahn, aber auch mit Kalisalz- und Sandtransporten, möglicherweise in Häfen auch mit Getreideimporten hat uns dieses bis einen Meter hohe und auch so breite, kugelig-stachelige Gänsefußgewächs infiltriert. Diese ganze Pflanzenausgabe besteht eigentlich nur aus Sprossen und Blüten bzw. Früchten. Die Stängel sind neben weiß oft hellviolett gestreift, verstärkt durch ebenso rötliche Flecken an den Sprossgabelungen.
Die einjährige »Steppen-Hexe« zieht von Juli bis Oktober massenhaft unscheinbare Blüten auf, die sich alsbald zur Zeit der größten Hitze in eigenartig flache und kreisförmig geflügelte, unten hakenförmig bedornte Früchte auswachsen. Ebenfalls von strohfarben bis knallig rosa und violett, bis zu 200.000 Stück je Pflanze. Eine ausgeprägte Pionierpflanze, die kaum jemanden neben sich duldet. Auch in Braunkohletagebaugebieten, in Sandgruben, an Böschungen, längs der Autobahn 10 von Berlin nach Polen, verschleppt mit Sand auch mal in/auf Baustellen.
Geht dann das Jahr zur Neige, trifft man viele dieser komischen Gesellen, vom Winde verweht, gesammelt vor Waggons, Gehölzen, Hauswänden, Mauern und Zäunen. Richtige Salzkraut-Friedhöfe sind das, von den vielen Samen längst befreit. Kalk- und lichtliebend, nicht unbedingt nährstoffbenötigend, gerne mit Kanadischem Berufkraut und Sand-Wegerich. Dient in Westernfilmen als mystische Requisite und vermittelt nebst Windgeheul und klappernd-knarrender Schuppentür ein Gefühl von verlassener Einöde, von Tod, Verdursten – eben vom Ende der Welt.
Eine einheimische »Zwillingsart«, das Küsten-Salzkraut (*Salsola kali*), wächst vor allem vor den Weißdünen der Nordsee – auch auf der Badeinsel von Helgoland und im Spülsaum der Ostsee inklusive ihrer Inseln. An der Ostsee oft an/auf Muschelbänken (»Schill«), etwa auf Fehmarn.

Das Ungarische Salzkraut hat einen Bruder an der Nord- und Ostseeküste, der fast ebenso aussieht.

Traubiges Klettengras

Bisher nur vier Mal habe ich dieses wunderbare Traubige Klettengras (*Tragus racemosus*) in die Finger bekommen: ein Süßgras mit besonderer Choreografie. Das erste Mal 1990 auf einer der seltenen Auslandstouren sah ich es in Mengen auf dem Bahnhof Châtelaillon südlich von La Rochelle an der Biscaya. Das zweite Mal trug es sich ausgerechnet im sommerkühlen Ostfriesland zu. Während einer amtlichen Kartierexkursion trabten etwa 15 Leute neben dem Bahnhof Ihrhove, der Bahnlinie von Leer nach Münster, ich dagegen mitten auf den Schienen ... 1999 war das, plötzlich hallten gellende Schreie: »Kommt alle schnell her, hier ist was Sensationelles!« Und fürwahr, 19 rostbraune Klettengräser, wie Tellerminen kreisrund, schon flach im Angesicht des späten Sommers. Das dritte Mal war es dann in Hessen, 2018. Tatort: der Autobahn-43-Rastplatz Katzenfurt-West zwischen Siegen und Gießen, unweit von Aßlar-Bechlingen, gleich über 100 Stück unter einer Rastplatz-Leitplanke mit Lkw-Stellplätzen. Und das letzte Mal 2019 ein Exemplar an einer Bahn in Palma de Mallorca ...

In Deutschland nach Literatur auch unbeständig in Mecklenburg, Sachsen, Franken und München. Diese bis 35 Zentimeter hohe *Poaceae* darf hier mitspielen, denn in meinem schlauesten Buch gilt sie als eingebürgert, zumindest in Südwestdeutschland. Obwohl es mir dort noch gar nicht über den Weg gelaufen ist! Sicher in den warmen Sandgebieten des nördlichen Oberrheintals, wahrscheinlich ebenfalls auf Bahngelände. Sonst wird noch von Ackerbrachen und Straßenrändern als Habitat berichtet. Das Traubige Klettengras soll zuerst 1888 mit Schafwolle eingeschleppt worden sein. Es stammt aus Westeuropa und hat durch hakige Stacheln auf siebennervigen Hüllspelzen klettenartige Wirkung. Auch die Blattränder besitzen dafür rückwärts gerichtete Borsten. Der ährenartig schlanke Blütenstand ist bis 6 Zentimeter lang, aber bei genauem Hinsehen ist es dann doch eine Traube, man liest aber auch von »Rispe«. Hübscher Migrant – einjährig, licht-, nährstoff- und extrem wärmeliebend.

Tragus racemosus
Familie der Süßgräser (*Poaceae*)

Mit zu den tollsten Neuerscheinungen zählt das Traubige Klettengras, das ich 1990 erstmals sah.

IN PFLASTER-BELÄGEN

VON DER GEFLECKTEN ZWERGWOLFSMILCH BIS ZUM EUROPÄISCHEN PORTULAK

Lichtblicke in versiegelten Flächen

Oft im unmittelbaren Kontakt zu Bahnarealen stehen und standen die heute immer wertvolleren Pflasterflächen, von alters her noch aus Natursteinen. Sie nahmen oft die »Bahnhofsarten« als Erste auf und vertrieben sie so weiter. Aber auch Straßen in Dörfern und Städten, die Marktplätze, die Rastplätze, heute die meist betonsteinernen Parkplätze unserer Discounter, Gewerbeflächen und Dienstleister allgemein – alles potenzielle und tatsächliche Wuchsorte und Trittsteine meist extrem genügsamer, hitzeliebender, vielsamiger, zugegeben auch mal nicht ganz besenreiner Nomaden. Die meisten sind umtriebig, immer in Bereitschaft, eine Riege von Opportunisten. Auch mal Impulsivlinge, Intensivlinge, kleine Inquisitoren, grenzenlos, knackig, kompromisslos, trickreich. Dann wieder Newcomer im schlichten Gewand, Underdogs, übersehen, verkannt, bekämpft, niedergewalzt, aber nie wirklich unterbunden.

Oft trotzdem gut gelaunt. Ohne viel Aufhebens ertragen sie mechanische Störungen, Sonne, Nässe, Trockenheit, Nährstoffmangel und übermäßige menschliche Gaben, sprich Abfälle, Öle, Schwermetalle und Staub sowie tierische »Geschenke«. Sie sind wichtige Heiler, Lückenbüßer, ja Lichtblicke in aktuell ansonsten oft »ausgeräumter« Landschaft, in inzwischen hochversiegelter Stadtlandschaft. Refugien und Rückzugsräume, aber auch Startbasen zu fortschreitender Ausbreitung – bei uns bis weit nach Norden und über alle Grenzen hinweg.

Sofern nicht ständig genutzt, können alte und auch jüngere Pflasterflächen Ersatzbiotope sein.

Gefleckte Zwergwolfsmilch

Da wäre beispielsweise diese Gefleckte Zwergwolfsmilch (*Chamaesyce maculata*), die sogar noch gleich vier bis fünf ganz nahe verwandte Mitstreiter im Schlepptau hat. Fast ehrfurchtsvoll niedergestreckt, platt wie eine Briefmarke im Beton- oder Natursteinpflaster zeigt sich dieser kaum 2 Zentimeter hohe, aber bis 50 Zentimeter breite Ritter der Bordsteine, Plätze und Straßen.

Seit 1877 ist dieser Nährstoff-Junkie aus Nordamerika mit seinen bis 1,5 Zentimeter langen, fischgrätartig angeordneten Blättern schon bei uns. Ganz überwiegend mit einem linearen, rötlichen bis violetten Fleck in der Blattmitte. Die Blätter und vor allem die oft rötlichen Stängel sind flaumig behaart.

Alle Zwergwolfsmilche sind Artisten der zweiten Jahreshälfte. Am Ende werden zahlreiche Samen in kapselartigen Cyathien angelegt. Diese nicht an den Sprossen wurzelnde Ausgabe ist inzwischen weiter auf Wanderschaft und hat die kiesig-sandigen Friedhofswege und Gräber, Bahnhöfe und Häfen, die privaten Hauseinfahrten, ja sogar die hell besonnten Kiesstreifen um unsere modernen Wohnhäuser erreicht.

Von Süden nach Norden – selbst in Leer, Bremen, Hamburg, Rostock oder Wismar. Auch vor ländlichen Gebieten schreckt dieser extrem platte

Chamaesyce maculata
Familie der Wolfsmilchgewächse
(Euphorbiaceae)

Oft erkennt man die Gefleckte Zwergwolfsmilch erst, wenn man schon draufgetreten ist.

Emporkömmling nicht zurück, wie inzwischen einige Funde selbst im entlegenen Wendland unterstreichen.
Ein geradezu lächerlich kleines Wurzelwerk versorgt die Gefleckte Zwergwolfsmilch, zwängt sie ein in Bordsteine und Pflasterfugen.
Wie auch ihre viel selteneren Brüder Hingestreckte, Kriechende – beide auch aus den USA – und Niederliegende Zwergwolfsmilch aus Ostasien.
Alle sind vermutlich mit Pflanzware aus Nordamerika zu uns gekommen, denn auch einer meiner allerersten Fundstellen in Niedersachsen war eine Riesengärtnerei in Wiesmoor/Ostfriesland (1997).

Zweiknotiger Krähenfuß

Coronopus didymus
Familie der Kreuzblütler (*Brassicaceae*)

Da traut sich ja mal einer was, sogar aus Südamerika ... Denn von da stammt dieser immer flach auf dem Boden vegetierende Schützling: Der Zweiknotige Krähenfuß (*Coronopus didymus*, synonym *Lepidium didymum*).
Zwar gibt es davon eine einheimische Art, nämlich den schwindenden Niederliegenden Krähenfuß von Lehmäckern und Feldwegen, aber beide begegnen sich praktisch nie.
1986 als Student fand ich ihn erstmals, in Hannover auf dem Pflastergelände des Straßenbahndepots Glocksee. Danach dann immer häufiger in Bürgersteigen, zwischen Bordsteinen, in Vorgärten, auf Erdhaufen, im Flachuferbereich großer Flüsse, mit Boden verschleppt auf Gräbern, auf Kompostbereichen und Mülldeponien, im Gebiet von Bauschutt-Recycling. In lückigen Rasenflächen und kaum 10 Zentimeter hoch, aber bis 50 Zentimeter breit, in ansehnlichen Flatschen mit adretten, ein- bis zweifach gefiederten, bis 3 Zentimeter langen Blättchen.
Blütenblätter entweder gelblich oder ganz fehlend von Mai bis Oktober. So lange hält es diese einjährige Art inzwischen bei uns aus.
Prunkstück aber sind blattachselständige, walzliche Fruchtstände vor allem unter einer guten Lupe. Mit zahlreichen mittig eingeschnürten Schötchen, wie Mini-Brillenständer, nicht nur mich beeindruckend. Mit bläulich-grünem Teint, wie auch oft die Stängel, bei einem nichtbetretenen Exemplar in großen Mengen. Viele feine Samen, die durch Schritt

und Tritt, durch Wasser und Wind verteilt werden – das ist das Überlebensrezept dieses Emporkömmlings.
Hübsch sind auch die meist kreisrunden, propellerartigen, hellgrünen Grundblattrosetten aus bis 8 Zentimeter langen Blättern, aus denen immer alles beginnt.
Auf gerne lehmigen, aber auch sandigen, besonnten, gerne feucht-nassen, nicht zu sauren, stets aber sehr nährstoffreichen Böden. Nicht immer beständig, aber immer mehr. In Rheinhessen und bei Köln habe ich den Zweiknotigen Krähenfuß auch schon an Äckern gesehen. Jedoch noch fast fehlend in Schleswig-Holstein, Mecklenburg-Vorpommern, Bayern und unerwartet auch in Berlin.
Inzwischen sonst ein richtiger Kosmopolit, der gerieben stark nach Kresse duftet. Bei trockenem Wetter und größerer Anzahl riecht man ihn auch so schon. Würzend in Salaten oder einfach spontan auf meine Butterbrote gepackt – lecker!

Wie ein Brillenständer en miniature erscheinen die Fruchtstände vom Zweiknotigen Krähenfuß.

Kleines Liebesgras

So, und nun kommt die Mutter aller Neophyten, mein absoluter Lieblingseinwanderer, meine rechte Hand sozusagen! Kaum einer Pflanze habe ich im Leben so nachgestellt wie dem so identitätsstiftenden Kleinen Liebesgras (*Eragrostis minor*) aus dem Mittelmeergebiet. Dabei kannte ich es mit 24 Jahren noch gar nicht, denn in Bielefeld fiel mir dieser Schönling nie auf. Kunststück, das Kleine Liebesgras fehlte da 1984 ja auch noch!
Über diese Gattung mit ihren weltweit 300 Arten ließe sich ein ganzes Buch schreiben, allein über seine vielen Aus- und Einwanderer. Weitere Vertreter von *Eragrostis* haben sich inzwischen bei uns dauerhaft abgeseilt oder sind noch unbeständig.
Am meisten Karriere gemacht hat dieses Kleine Liebesgras, zuerst von Bahnsteig zu Bahnsteig, seit Langem auch längst von Autobahnrastplätzen, von Aschenplätzen auf Ölförderanlagen und Truppenübungsplätzen. Dieses einjährige Süßgras, erstmals 1792 bei uns entdeckt, muss man einfach lieb haben. Weniger wegen seiner Wuchshöhe von nur

Eragrostis minor
Familie der Süßgräser *(Poaceae)*

Von Bahnsteig zu Bahnsteig wanderte einst das Kleine Liebesgras vom Südwesten in den Nordosten.

10, manchmal dann aber doch bis 40 Zentimetern. Das gewisse Etwas sind von Ende Juni bis Oktober aus bis zu 15 Einzelblüten zusammengesetzte, schieferfarbene bis oft schokoladenbraune, meist drehrunde Ährchen, die wie Mini-Zigarren aussehen. Zu niedlichen Rispen drapiert, eine wahre Augenweide auf Pflasterflächen, vor Bordsteinen und Hauswänden. Büschelig ausgebreitet bis aufrecht oder radial platt auf dem Gestein, ganz egal!
Der Blattgrund besteht nur aus Härchen, auch die Blattscheiden sind behaart. Bis 4 Zentimeter lange Blätter sind randlich gleichmäßig mit sogenannten Stieldrüsen besetzt.
Zahlreiche Samen quellen bei Nässe auf und gelangen so durch Mensch und Tier heute weltweit fast überall hin. Zuerst Bahnwanderpflanze, inzwischen im Südwesten und Osten längst auch auf sandigen Äckern, in (Vor-)Gärten und Weinbergen. In Niedersachsen und Bremen z. B. sind auch noch Gekrümmtes Liebesgras, Großes Liebesgras, Grünliches Liebesgras, Büscheliges Liebesgras, Elbe-Liebesgras und vor allem durch Tausalz extrem gefördert Japanisches Liebesgras eingebürgert.
Letzterer »Schmutzfink« läuft dem Kleinen Liebesgras vielerorts schon den Rang ab und mausert sich bundesweit zum erfolgreichsten Neophyten aller Zeiten. Vielleicht hat das Japanische Liebesgras jetzt schon das Kleine Liebesgras überholt. Es ist nur wesentlich unauffälliger und daher noch viel weniger bekannt.

Behaartes Bruchkraut

Einer der Klassenbesten ist auch das Behaarte Bruchkraut (*Herniaria hirsuta*), wie es sich da so hinwirft mit gleichmäßig fischgrätartigen Sprossen in blau-grüner bis zuletzt auch rötlich-violetter Farbe. Einfach große Klasse, aber leider noch längst nicht überall in Deutschland.
Es ist auch wirklich keine Pflanze, die wie manch andere kurzen Prozess macht – ganz im Gegenteil. Übrigens, hier so spät im Reigen erst ein Neophyt aus der doch sonst so artenreichen Familie der Nelkengewächse, ist das Behaarte Bruchkraut richtig kreativ: Praktisch alles ist in ein dichtes Haarkleid eingewoben – Stängel, Blätter, Blattränder, kurze Blütenstiele und bis kaum einen Millimeter lange Kelch-

blätter. Ein einziges Geknäuele und Geknubbele. Bis maximal 30 Zentimeter breit auf dem Boden liegend, wir nennen das prostrat, werden von Juli bis Oktober winzige Blütchen mit extrem unscheinbaren Kronblättern angelegt. In blattachselständigen Knäueln, Blätter gegenständig, diese vorne immer zugespitzt.
Aus Süd- und Südwesteuropa stammend, ist das Behaarte Bruchkraut zuerst über den Oberrheingraben bei uns einmarschiert. Dort liegt auch bis Wiesbaden, Frankfurt und Hanau sein Hauptareal in Deutschland. Aber auch Braunschweig, Hannover, Celle, Bremen (mehrere tausend Exemplare auf der Bürgerweide), Osnabrück und selbst das ländliche Hitzacker an der Elbe können schon mit diesem Pflänzchen dienen.
In Berlin ist *Herniaria hirsuta* citynah schon häufiger am Rand von Bürgersteigen und Plätzen als das einheimische, hellgrüne und unbehaarte Kahle Bruchkraut. Letzteres hat sich in den letzten 30 bis 40 Jahren richtig rasant vermehrt und hält die gleichen Stellungen, erträgt mehr Schatten und Wechselfeuchte. Beides sind Arten der Zukunft, da in immer betonreicherer, aufgehitzter und trockener Stadtlandschaft. Übrigens besitzen beide Arten wieder ein sehr reduziertes Wurzelsystem, denn alles wird beengten Lebensverhältnissen angepasst. Wobei zu bedenken ist, dass der verdichtete Boden zwischen Pflaster- und Plattenritzen, wenn einmal wassergesättigt, diese Feuchte noch viel länger hält als lockerer Boden oder gar Sande der Umgebung.
Beide Arten werden von Fliegen bestäubt und auch von Ameisen verbreitet. »Herniaria« von lat. *hernia* = Leistenbruch, ein Hinweis auf die frühere Nutzung: gekocht in Umschlägen bei Leistenbrüchen – vorzugsweise bei Kindern. Das ist das Überlebensrezept.

Praktisch nur aus borstlich scheinenden Haaren besteht das Behaarte Bruchkraut.

Herniaria hirsuta
Familie der Nelkengewächse *(Caryophyllaceae)*

Zarte Binse

Juncus tenuis
Familie der Binsengewächse *(Juncaceae)*

Zwar ebenso wie das Behaarte Bruchkraut auch kein Kannibale, aber doch ein Brecher, ein Robustus in Binse ist die von Juni bis September blühende Zarte Binse (*Juncus tenuis*). Losgeschlagen hat sie aus

Nordamerika kommend erstmals 1824, vermutlich am Anfang wieder verschleppt als Boatpeople mit Pflanzware, an Waldwegen. Mit Beginn der Eisenbahn hat sie dann vor allem im Pflaster der Ladestraßen und auf gepflasterten Laderampen das Kommando übernommen. Und von da aus dann weiter ins Straßenpflaster.
Richtig zart sind bei dieser knubbeligen, starken Binse nur die feinen Hochblätter um die Blütenstände (Spirren), die sie weit überragen. Extrem kräftig ist das dichte Wurzelwerk, erstaunlich, was da so an Bodenmasse gebunden wird.
Manchmal bekommt man diese bis 50 Zentimeter hohe, horstig wachsende Binse nicht aus Boden oder Pflasterritzen gezogen. Auch die derben Halme vertragen einiges, selbst Panzern und schweren Lkws trotzen diese.
Ihr Wuchs wird durch Pfützenbildung auf Wegen und alten Pflasterbelägen gefördert. Sehr variabel in der Größe, wächst auch an Ufern, ein Säure- und Wechselfeuchtezeiger. Die Samen quellen auf und kleben. So haften sie an allem, was darüberstreift.
Die Zarte Binse ist einer unserer erfolgreichsten Neophyten überhaupt. Selten bis noch fehlend nur im Nordosten und in Kalkgebieten (Schwäbische Alb!). Sie steigt in den Alpen bis auf eine Höhe von 1100 Metern auf und ist die einzige eingebürgerte Binsen-Art unter über 40 in Deutschand.

Aus den USA wanderte die Zarte Binse wohl mit neuen Baumarten nach Mitteleuropa ein.

Strahlenlose Kamille

Matricaria discoidea
Familie der Korbblütler *(Asteraceae)*

Ja, wer hätte das gedacht? Auch die so weit verbreitete, vielen längst bekannte, einjährige Strahlenlose Kamille (*Matricaria discoidea*) ist nicht einheimisch, sondern sogar relativ spät (1852) erst mit der Eisenbahn aus Richtung Osten (Polen, Russland) zu uns einmarschiert. Das aber dann mit durchschlagendem Erfolg. Einer meiner ganz persönlichen Favoriten. Nicht nur auf Pflasterbelägen und Plattenritzen, sondern auch in Gärten, auf Äckern und Lagerplätzen aller Art, an Ufern und massenhaft auf Feldwegen mit Pfützen, manchmal wie gesät direkt im sogenannten Kampfstreifen von Haupt- und Nebenstraßen. An Äckern gerne im Gewende

oder auf den Zufahrten. Ein Licht-, Kalk-, Lehm-, Nährstoff- und auch Tausalzzeiger, eine sogenannte Krumenfeuchtepflanze. Überall in Deutschland, in den Alpen sogar bis 1700 Metern. 2020 sah ich sie selbst bei Grainau in 1500 Metern Höhe – viel auf Ostdeutschlands höchstem Berg, dem Fichtelberg.
Eine niedliche Pflanze, mit diskusartigen, gelbgrünen Blütenköpfen ohne echte Blütenblätter. Oft in großer Zahl an steif aufrechten, sparrig verzweigten Individuen. Blüht von Ende Mai bis Oktober, schert sich nicht um gelegentliches Drauftreten, Überfahren und von Hunden eingekotet zu werden. Ein Trotzkopf mit Glatze, ein Motzkopf – so wie ich auch, und mir fallen die Haare jetzt ja auch aus. Variabel in der Wuchshöhe, zwischen 5 und 40 Zentimetern. Verschleimende, aufquellende Samen werden von Mensch und Tier verschleppt. Wie die Echte Kamille, beide auch mal im Duett, eine ebenso gute Teepflanze. Stark duftend, auch für Salate und als Würzpflanze für Fleischgerichte und Suppen geeignet. Ursprüngliche Heimat Nordostasien. »Matricaria« von lat. *matrix* = Gebärmutter, wegen früherem Gebrauch der Echten Kamille bei Frauenleiden.

Hat man die Echte Kamille nicht zur Hand, dann tut es die Strahlenlose Kamille ganz genauso.

Vierblättriges Nagelkraut

Ein seltenerer Import, bislang häufig nur im Rhein-Main-Neckargebiet, ist das bescheidene, einjährige Vierblättrige Nagelkraut (*Polycarpon tetraphyllum*). Es ist seit etwa 1810 in Deutschland. Eine auf nitratreichem Boden wachsende (nitrophile) und schattenertragende, 5 bis 20 Zentimeter hohe und sogar bis 25 Zentimeter breite Pflanze, vorzugsweise in Pflasterfugen an Parkplätzen, Straßen, vor Gebäudewänden, um Bänke, Papierkörbe, Straßenlaternen und auf Baumscheiben. Im Norden auch schon gesehen in Ardorf/Ostfriesland (2005), in Bremen noch aktuell, im Kreis Rotenburg (1996) und im Wendland in Dannenberg (2013). Die Pflanze ist wärmeliebend und frostempfindlich und wächst gerne an geschützten Stellen.
An graugrünen, ziemlich kräftigen, gabelästig verzweigten Stängeln werden verkehrt eiförmige, kaum einen Zentimeter lange Blätter ausgebildet, die oben gegenständig, nach unten dann zu viert quirlartig drapiert sind (Name!). Die weißen, winzigen, bis 6 Millimeter breiten Blüten sind kürzer als die Kelchblätter und erscheinen Juni bis September. Geschlossene Blüten in dichten Knäueln, die Kelche außen mit hübschem

Polycarpon tetraphyllum
Familie der Nelkengewächse *(Caryophyllaceae)*

Foto Seite 141: Nur in wärmebegünstigten Regionen wächst das Vierblättrige Nagelkraut.

weiß-grünem Kontrast. Trotz exponierter Wuchsorte ist diese Spezies ziemlich trittempfindlich. 2013 massenhaft in Speyer. 2020 beobachtet in Heidelberg nahe historischer Alter Brücke, mehrfach in Ludwigshafen, Mannheim und Worms – teils in Fußgängerzonen. Auch schon mehrfach im Süden der Kölner Bucht gesichtet. In Bremen seit Jahren über 100 Exemplare im Bereich eines Mehrfachgaragenpflasters im Stadtteil Schönebeck. Im westlichen Mittelmeergebiet sehr häufig in/an allen möglichen Säumen, beispielsweise auf Mallorca.

Europäischer Portulak, Gemüse-Portulak

Nur selten zeigt der Gemüse-Portulak seine äußerst dekorativen, maisgelben Blütchen.

Portulaca oleracea
Familie der Portulakgewächse (*Portulaceae*)

Geradezu einen Aufstand macht derzeit der vor allem im Frühherbst mit rötlicher Farbe auffallende Gemüse- bzw. Europäische Portulak (*Portulaca oleracea*, lat. *oleraceus* = »als Gemüse«). Nicht selten wohl aus Gärten, Friedhöfen und Kleingartenanlagen entwichen, überschwemmt er gerade fast ganz Deutschland. Man hat das Gefühl, alle fünf Jahre verdoppelt er seine Bestände und rückt auch immer weiter nach Norden vor.
Auch im Mittelmeergebiet sehr häufig, bemächtigt er sich besonders der Pflasterflächen und nahen Rabatten aller Art. Vor allem auch auf Autobahnrastplätzen, in Fußgängerzonen und Kleingartenanlagen. Dieser Portulak ist ein Kompost-, Mülldeponie- und vor allem expansiver Flussufer-Besetzer. Massenhaft seit 2010 auf den flachen Sandstränden der Mittelelbe bis fast nach Hamburg zu beobachten. Zentrales Standbein sind dickfleischige, runde, in der Sonne fettglänzende, fast blattlose Stängel im Zentrum. Ganz flach wachsend werden bis 2,5 Zentimeter lange, meist keilförmige, vorne abgerundete, ebenfalls fleischige Blätter angelegt. Gewinnt kaum an Höhe, in der Breite habe ich aber schon bis 80 Zentimeter große »Pfannkuchen« gesehen. Geizig, was seine Blütenanstrengungen anbelangt: oft fehlend! Wenn doch, dann putzige Blüten, goldgelb und bis einen Zentimeter breit. Diese gehen nur bei voller Sonne auf. Die gesamte oberirdische Pflanze ist essbar und schmeckt leicht salzig. Vor Genuss abwaschen, da Dreck-, Hundeurin- und Staubfänger! Ihre Wuchsorte sind von Tausalzen geprägt, zudem sandig-kiesig, basenreich, voll besonnt, trocken bis wechselfeucht und oft übermäßig mit Nährstoffen versorgt. Bei uns bedingt durch lange Hitze- und Trockenperioden bestimmt eine Pflanze mit großer Zukunft!

AN BÖSCHUNGEN

VON DER GEWÖHNLICHEN NACHTVIOLE BIS ZUM DRÜSIGEN GILBWEIDERICH

Raus in die freie Landschaft

Der Lebensraum der Böschungen wurde schon mehrfach erwähnt, inklusive Dämmen und Deichen – etwa an Küsten, Gräben, Bahn- und Straßenverbindungen. Explizit soll hier aber drei bekannten Zierpflanzen Tribut gezollt werden, die schon lange aus Gärten die Biege machten und in die freie Landschaft »ausschwärmten«. Hier vor allem längs von Böschungen. Natürlich nehmen sie auch ganz allgemein Brachland an, treiben sich an Weg- und Straßenrändern rum, vergnügen sich mal in ehemaligen Sandgruben und Steinbrüchen, vagabundieren in Gewerbegebieten. Ihnen gemein ist aufgrund ihrer Mehrjährigkeit eine hohe Durchsetzungskraft inmitten geschlossener Krautvegetation, sukzessiv vor allem vor dem Verdrängen wüchsiger Sträucher und Bäume. Dabei sind nicht immer gezielte Ausbringungen von echten Verwilderungen trennbar. Selbst die vermeintlich so robuste Vielblättrige Lupine kann nach langem Auftreten dann doch plötzlich wieder verschwinden.
Ein in breitem Streifen um die Ostsee und in den südlichen zwei Dritteln Deutschlands häufiger und seit 1880 eingebürgerter Emporkömmling, gerade an Böschungen aller Art, ist der licht- und nährstoffliebende Pyrenäen-Storchschnabel (*Geranium pyrenaicum*) aus Südwesteuropa. Er kann hier leider aus Platzgründen nicht mitspielen. Die aus Gärten gebietsweise stark verwildernde, weiß oder hellviolett blühende Breitblättrige Platterbse (*Lathyrus latifolius*) bleibt auch unberücksichtigt.

Böschungen und Brachen im nicht hohen Bergland sind das Terrain der Gewöhnlichen Nachtviole.

Gewöhnliche Nachtviole

Hesperis matronalis
Familie der Kreuzblütler *(Brassicaceae)*

Mit einem von Mai bis Juni betörenden Geruch nach Veilchen in der Nacht und besonders am Abend gibt die bis 100 Zentimeter hohe Gewöhnliche Nachtviole (*Hesperis matronalis*) an. Zunächst in Bauerngärten zur Zierde gehalten, in Thüringen ab 1857.
Die unverzweigte Schaftpflanze wanderte jedoch rasch ab, erneut gefördert vor allem durch Gartenabfälle. Lehm-, grundfeuchte-, licht- und nährstoffliebend, fand und findet sie vor allem im deutschen Bergland Gefallen auf grasigen und gehölzarmen, nicht zu trockenen Brachen, an Böschungen, Dämmen und Grabenrändern. Gerne auch in und an Auwäldern sowie im städtischen Milieu.
Gebietsweise stärker invasiv, aber meist nur zweijährig, mit zahlreichen bis 10 Zentimeter langen, eiförmig-lanzettlichen Blättern. Bis 2 Zentimeter breite Blüten gehen ab August in einen dichten, walzlichen Fruchtstand über. In schräg nach oben gebogenen, bis 5 Zentimeter langen Schoten sieht man dann abgeschnürt jeden Samen. Tier- und Windstreuer, auch durch Fließgewässer verbreitet.
Im Nord- und Westdeutschen Tiefland überwiegend doch unbeständig, wenn nicht sogar gepflanzt. Im Osten Bayerns noch weitgehend fehlend. Die Pflaanze wird von Bienen, Fliegen, Schmetterlingen (langrüsselige

Nachtschwärmer) besucht. Wichtige Raupennahrung des Aurorafalters und Kleinen Kohlweißlings. Pflanze durch Senföle brennend scharf schmeckend, daher kaum Nutzung als Wildsalat. Für Wildgärten sehr geeignet. Lat.-griech. *hesperos* = Abend – wegen des dann stärksten Duftes; lat *matronalis* = Ehefrau, wegen ihres Duftes und weil die Gartenarbeit Frauensache war und oft immer noch ist ...

Vielblättrige Lupine

Lupinus polyphyllus
Familie der Hülsenfrüchtler (*Fabaceae*)

Nicht selten bricht die Vielblättrige Lupine nach vielen Jahren am Wuchsort doch noch ein.

Ein rechter Klassiker ist die auch Laien bekannte, bis 1,5 Meter hohe Vielblättrige Lupine (*Lupinus polyphyllus*), die von Juni bis August meist in kräftigem Blau, ab und zu aber auch in Rosa und Weiß daherkommt. Eine Augenweide! Aber so schön, wie sie ist, so umstritten ist sie im Naturschutz. Reichert sie doch den Boden durch Stickstoff an, den sie aus der Luft gewinnt und so mithilfe symbiontischer Bakterien den Boden »verbessert«, was aber an ehemals nährstoffarmen Stellen auch schnell zur Verdrängung anderer Arten führt.
Eine blaue Leuchtkerze mit bis zu 80 um 2 Zentimeter langen Blüten an bis zu 50 Zentimeter langen Blütenständen. Eine sogenannte Schaftpflanze an Böschungen, Straßen und Wegen, an Kanälen und oberen Kanten von Flüssen, auf Brachen und Schlägen. Ausdauernd, bis etwa 2000 gerne gesät, stammt dieser Neophyt aus dem pazifischen Nordamerika (bis in 3000 Metern Höhe) und ist seit dem 19. Jahrhundert bei uns.
Ein Kalkflieher, nie wirklich trocken oder nass stehend, am liebsten im Halbschatten. Auch in Flachmoorwiesen und auf Waldschlägen zu beobachten.
Eine ausdauernde Böschungsbefestigungs-, Bienen-, Hummel-, Zier- und Wildfutterpflanze mit kräftiger Pfahlwurzel. Gebietsweise in Deutschland als invasiv betrachtet. Mit den typisch fingerartig-schildförmigen und lang gestielten Blättern aus meist 10 bis 15 Teilblättern. »Lupinus« von lat. *lupus* = Wolf, wegen der bis 6 Zentimeter langen, fast wollig behaarten Hülsen. Wie viele Ginster-Arten ebenfalls ein sogenannter Austrocknungsstreuer. Dabei reißen durch Fruchtklappen die dann schwarzen Hülsen unter Zugspannung

plötzlich auf und schleudern die recht großen Samen über mehrere Meter durch die Gegend. Diese bleiben um 50 Jahre lang keimfähig. Insgesamt ist die Vielblättrige Lupine stark giftig, wird aber trotzdem gerne von Rehen gefressen. Diese durch angesäte Lupinen längs von Autobahnen angelockt, haben hier schon häufig zu Wildunfällen geführt. In zahlreichen Sorten gezüchtet und für Wildgärten geeignet. Weitere Lupinen sind in Gebrauch, aber viel seltener und unbeständig wie etwa die Gelbe und Schmalblättrige Lupine.

Drüsiger Gilbweiderich

Besonders unternehmungslustig und in Gärten praktisch blitzkriegartig größere Flächen besetzend ist der Drüsige Gilbweiderich (*Lysimachia punctata*), auch Felberich, Punktierter Gilbweiderich oder Tüpfelstern tituliert. Mit extrem rigorosem, kernig-knackigem, dynamischem Gebaren ist dieser 50 bis 100 Zentimeter hohe Akteur schon früh aufgefallen und wurde deshalb in der Natur entsorgt. Richtig klammheimlich entwichen ist er nicht, denn über Zäune und Mauern kriechen kann er bis heute nicht. Auch den weiten Weg zu uns aus der Türkei und aus Südosteuropa hat diese so penetrant unterirdisch Ausläufer treibende Pflanze sicher nicht von alleine geschafft.

Der extrem blühfleißige Drüsige Gilbweiderich behauptet sich an seinem Wuchsort.

Ursächlich für seine Präsenz vor allem in den deutschen Mittelgebirgen ist also wieder mal der Mensch. Mit Akribie hält sich die Pflanze an Böschungen, auf Brachen, an Gräben, Straßen und Wegen, in Gebüschen, sogar im Feuchten mit Echtem Mädesüß, Giersch, Kerbel-Arten, Wald-Geißbart und Wasserdost. Von Ende Mai bis Anfang September betört der Drüsige Gilbweiderich durch seine traubigen, zitronengelben, um 2,5 Zentimeter breiten Blüten, immer bis zu fünft geknäuelt in den Blattachseln. Meist 4 bis 8 Zentimeter lange Blätter sind ganz nach Gilbweiderich-Manier quirlständig am Stängel vereint. Auch der Blütenstand ist hübsch durchblättert, dunkelgrün, unterseits dunkler punktiert. Die Blüten sind oben drüsig bewimpert – daher auch seine Namen.
Viele Vorkommen vor allem siedlungsnah vom kriechenden Pfennigkraut, dem Pfennig-Gilbweiderich (*Lysimachia nummularia*), stammen aus Gärten, von Gräben davor und von Mauern. Eine jedoch überwiegend einheimische Spezies.

Lysimachia punctata
Familie der Primelgewäche (*Primulaceae*)

AUF BRACHFLÄCHEN

VOM CHINESISCHEN GÖTTERBAUM BIS ZUM SCHWEDEN-KLEE

Ein Stück Natur in der Stadt

Brachflächen sind alles – könnte man meinen. Ödland sagen viele dazu, unnütze Gebiete, totes Land. DAS muss doch »kultiviert, im schlimmsten Fall bebaut, im weniger schlimmen Fall schnellstens aufgeforstet werden. Doch sind das genau diejenigen Bereiche, die wir im Arten- und Naturschutz als Trittsteine von A nach B und dann nach C so überaus dringend benötigen.

Gerade doch Städte müssen nicht zunehmend noch dichter bebaut werden. Welch ein Irrtum! Vielmehr muss aufgelockerter und mehr in die Höhe gebaut werden. Nur so wird es in Zukunft noch weitergehen können – vielleicht!

Jedes noch unbebaute Grundstück muss planvoll gesichert und gegebenenfalls honoriert werden. Es darf auch nicht komplett zuwachsen. Solche Brachflächen dienen Menschen, Pflanzen und Tieren als letzte Refugien in immer urbaneren Landschaften.

Doch stattdessen werden Vorschläge von Politikern, die Noch-Grundstücksbesitzer am liebsten regresspflichtig machen würden, sogar gelobt. Dafür sollte man sie jedoch eher laut schelten. Was ich hiermit mache! Das ist nämlich ein völlig verquerer Ansatz.

Diese Brachflächen sind Goldstücke, die dem Menschen, dem Kinderspiel und der grundstücksnahen Erholung dienen, ein Wechselspiel zwischen echter Wildnis und einem Stück Natur in der Stadt.

In Sommer-Trockengebieten wie im Süden Sachsen-Anhalts wächst die Drüsige Kugeldistel.

Brachflächen sind eine Art Arche Noah für Tiere und Pflanzen. Davon predigen wir Natur- und Artenschützer jetzt schon seit mindestens 50 Jahren, und dann kommen diese unreflektierten »Ideen«! Da fällt mir doch tatsächlich die Kinnlade runter, und das ist hier noch freundlich ausgedrückt. Aber sehr schön, dass ich das an dieser Stelle auch mal deutlich sagen darf.

Also, wenn ich König von Deutlschand wäre, jeder Noch-Freiflächenbesitzer im umbauten Bereich bekäme von mir, ich sage mal 2000 Euro gezahlt, und das jedes Jahr! Wofür werden denn sonst die Milliarden nur so verbraten? Es ist für mich zunehmend kaum noch zum Aushalten, wie wertvollste, auch durch spontane Gehölzaufkommen wunderbar gestufte, mit Pfaden durchzogene Brachflächen immer noch blind dem schnöden Mammon geopfert werden. Davon müssen wir unbedingt wegkommen – und zwar unverzüglich.

Es gibt sie, die oft farbenfrohen Brachenbesetzer, tapferen Dickköpfe, Nischenbesetzer, auch mal rasant-rüpelig daherkommend, aber immer mit Sinn und Verstand, selbst wertvoll für Heil- und Nutzpflanzen. Und wie schon bemerkt: Sauerstoff produzieren sie alle! Von diesen Gestalten bieten sich hier einige an. Kurz zu erwähnen ist die Haarfrüchtige Pappel *(Populus trichophyllus)*, die mit großen, dunkelgrünen Blättern (unterseits schneeweiß!) auch bei uns zunehmend auf Brachen für Furore sorgt. Aus Platzgründen beschränke ich mich auf sieben Übersiedler.

Der Chinesische Götterbaum wächst so schnell, das hat schon etwas Göttliches.

Ailanthus altissima
Familie der Bittereschengewächse
(Simaroubaceae)

Chinesischer Götterbaum

Bereits eine richtige Wut haben manche Leute auf ihn – etwa in Berlin, im Rhein-Main-Gebiet, im Köln-Duisburger Raum, in Trockengebieten Ostdeutschands – wenn's um den Chinesischen Götterbaum (*Ailanthus altissima*) geht. Zugegeben: ein überaus effektvoller Verbreiter, gefürchteter Verdränger, verwegen, immer volle Kanne, volles Rohr, voll Stoff, in die Vollen, ein Vorantreiber, ein Vorsichhertreiber. Er prescht vor und verduftet fast nie. So verzeihen dem bis 30 Meter hohen, als rasch wachsender Park- und Schmuckbaum aus Nordchina hergebrachten Götterbaum viele nicht. Wenn er sich doch auch nur auf Bahngelände, auf Brachflächen, in der Mitte oder am Rand von Autobahnen, auf Kohleabbau- und Stahlwerksgelände beschränken würde. Aber nein – aus Bordsteinen, Dachrinnen, Gullys, Kellerschächten, Mauerritzen, Pflasterfugen, Trittrosten und Uferbefestigungen quillt er heraus. Säbelt man ihn ab, lacht er sich eins und schlägt einfach mehrtriebig wieder zurück. »Ätschi-bätschi« höre ich ihn rufen, daher ist er ganz sicher einer meiner Lieblingsneophyten.
Er zeigt uns einfach mal unsere Grenzen auf. Und er sieht einfach klasse aus – darum hat man ihn doch auch einst bei uns verpflichtet!
Entzückend sind die längsstreifig-weiße, leicht raue Rinde und die breite Krone. Palmenartig bis 1,5 Meter lange Blätter brachten ihm den Namen »Ghettopalme« ein. Er hat grünlich-gelbe, im Juli in Rispen vorgetragene Blüten und kurios propellerartig verschraubte, oft gelb-rötliche Früchte. Erstmals in Hannover als Student sah ich ihn 1985, dann bei Berlin-Besuchen, später auch am Leverkusener und am Mannheimer Kreuz. In Bremen hingegen schwächelt er noch, was aber wie in Hamburg auch am ständigen Kappen, Kürzen und Verstümmeln an erst noch wenigen Wuchsorten liegt.
Der Götterbaum ist ein sogenannter Wintersteher. Seine Samen verlassen ihn nie sofort, sondern schön verteilt im Laufe vieler Monate. So ist er stets bewaffnet, auch bei ungünstiger Witterung. Durch Abgabe chemischer Substanzen, die Blätter und männlichen Blüten stinken beim Zerreibe wie ein Rest abgestandener Kaffee nach zwei Wochen, schwächt der Götterbaum die ihn umgebende Vegetation (Allelopathie). Was diesen

emsigen Schraubenflieger (Plattendrehflieger, Nüsschen mit Anhängsel) auch nicht unbedingt sympathischer macht. Verwildert erst seit 1906, vermutlich giftig. Eine sogenannte urbanophile Art, bevorzugt also städtische Biotope. Der Götterbaum trotzt so ziemlich allen Widerständen. Die alten Chinesen bewunderten ihn aufgrund seiner Energie und enormen Wuchsleistung, daher der Name. Die Erderwärmung kommt ihm voll zupass, ein unverdrossener Laubbaum der Zukunft, sogar des Himmels – lat. *altissimus* = sehr hoch.

Drüsige Kugeldistel

Echinops sphaerocephalus
Familie der Korbblütler *(Asteraceae)*

Ein in bestimmten Gebieten Deutschlands vertrauter Überläufer zwischen 1 und 3 Metern Höhe ist die cool-kühne Drüsige Kugeldistel (*Echinops sphaerocephalus*) mit im oberen Stängelteil braunroten Drüsenhaaren. Auch die Oberseite der blaugrauen, fiederlappig bis stark fiederteiligen Blätter sind dicht drüsenhaarig. Zwar verkehren in Gärten noch zwei kleinere, kaum verzweigte Kugeldisteln – dieses Monstrum war dort aber auch schon vorher wenig präsent.
Ursprünglich submediterran mehr im Osten des Mittelmeergebietes verbreitet, fürwahr kein Zauderer, auf Brachen eher ein Zersetzer, ein Zigeuner, Zugereister, ein Zugpferd, ein Zumacher, sicher eine Zukunftsart. Sie schiebt abgemäht unverdrossen nach und kommt dann eben in 30 Zentimetern erneut zur Blüte. Im wahrsten Sinne des Wortes hervorstechendste Applikationen sind umwerfende Blütenköpfe, und zwar von Anfang an. Aus silbrig bläulichen Blütenhüllen schälen sich im Juni an gegabelten Blütenständen zuerst weiche, igelartige Köpfchen heraus (lat. »*echinops*« = wie ein Igel aussehend, »*sphaerocephalus*« = kugelköpfig). Zusammengesetzt aus vielen Einzelblüten, deutlich größer als ein Tischtennisball, bis 6 Zentimeter groß.
Diese beginnen vom Scheitel aus in Hellblau allmählich vom gesamten Kopf Besitz zu ergreifen. Immer mehrere Köpfchen je Spross, mehrere Sprosse je Individuum. Weißliche Blütenkronen und stahlblaue Staubblätter kontrastieren hübsch. Und wie sie so drauf ist: fast immer mehrere bis viele an Acker-,

Die Drüsige Kugeldistel habe ich hier 2017 auf der Elbeinsel in Magdeburg entdeckt.

Zu den ausbreitungsfreudigsten Pflanzenarten zählt in Deutschland das Einjährige Berufkraut.

Böschungs-, Graben-, Straßen- und Wegrändern, auf Brachen, in Abbaugebieten und besonders in garten- und ortsrandnahen Lagen zu finden. Teile des Ostens und vom Südwesten, auch Franken triefen von diesem zwei- bis mehrjährigen Exponat. In Niedersachsen dagegen ist sie noch längst nicht so präsent. Eine imposante Kugeldistelwand sieht man seit Jahren längs der Autobahn 39 zwischen Salzgitter und dem Kreuz Derneburg. Extrem stachelig. Trefflicher Neophyt sommertrockener und heißer Regionen mit sandigen bis lehmigen, nährstoffreichen, gerne kalkhaltigen Plätzen. Ausgestattet mit kräftiger Pfahlwurzel, beliebt bei Bienen, Tagfaltern und Wespen als nektarreicher Haudegen. Davon greifen im Osten dann bunte Bienenfresser die Bienen, später die fast genauso bunten Stieglitze die reifen Samen ab.

Einjähriges Berufkraut

Erigeron annuus
Familie der Korbblütler *(Asteraceae)*

Es ist der 12. Februar 2021. Ganz verschneit und unter einem wolkenlosen Himmel präsentiert sich gerade in diesem (Schreib-)Moment ein winziger Teil von Bremen vor mir. Und mitten dabei auch meine dick schneebelegten Balkonkästen. Aus dem rechten aber ragen noch immer fünf bis sechs Strünke mit oben gabelig verzweigten Fruchtständen genau dieses Einjährigen Berufkrautes (*Erigeron annuus*) heraus. Neben Flachem Rispengras (*Poa compressa*), ebenso wie auf besonnten Brachen »da draußen«. Beide hierher gelangt durch »ewige« Ausschüttungen meines Wohnungskehrichts, nachdem ich permanent Schuhe und Socken nach vielen Expeditionen ins Pflanzenreich säuberte. Ein richtiger Renner ist dieses Berufkraut – aber bitte ohne »s«, denn fast alle sagen »Berufskraut« dazu. Dieser bis 1,3 Meter hohe, von Juli bis fast heutzutage Dezember blühende Dauerbrenner hat so gar nichts mit Busfahrern oder Juristinnen zu tun. »Beruf« kommt in diesem Fall von »Berufen«. Die nordamerikanischen Ureinwohner haben diese Pflanze zum Vertreiben böser Geister, zum Gute-Stimmung-Herstellen und zum Erbeten einer friedlichen Zukunft eingesetzt, wie auch viele andere Pflanzen. Sie waren gemein mit ihrer Umwelt, keine Störung ohne Sinn, alles im Einklang auch mit der Vegetation. Die Pflanzen dienten ihnen, ohne dabei zerstört zu werden.

Das Einjährige Berufkraut kann das ganze Jahr über beobachtet werden, noch zur Blütezeit teils massenhaft diese dunkelgrünen Rosetten aus eiförmig-ellipsoiden, stark eingesägten, ziemlich lang gestielten Grundblättern. Auf oft kiesig-schotterigem, aber auch lehmig-tonigem Untergrund. An und auf Mauern, Dämmen und Erdhaufen, gerne in Beziehung zu Bahngelände, Gärten, Industrieflächen, Kleingärten, Schuttflächen, Steinbrüchen, abgerissenen Häusern oder auf dem Gelände von Recyclingsfirmen. Überall hat sich dieser pflanzliche Rebell mit nur einjähriger Laufzeit niedergelassen.
Zahlreiche, anfangs hellvoilette bis dann weiße Blüten werden einen Zentimeter groß und stehen im Zentrum in lebhaftem Kontrast zu asternartig gelben Röhrenblüten. Im Norden, Nordosten und Nordwesten Deutschlands sichtlich mühevoll, aber auch das wird sich in den nächsten 20 Jahren noch ändern. Ein Schirmchenflieger, auch durch Regen verbreitet: »Erigeron« von griech *eri* = früh und *geron* = Greis, die Art kommt rasch zur Samenreife mit den weißen, dann vergreisten Flugobjekten.
Ein Gesteins-, Kalk-, Licht-, Offenboden- und Trockenzeiger. Eine Teepflanze mit würzig scharfen Blättern, früher hilfreich gegen Blutungen und Durchfall.

Helianthus tuberosus
Familie der Asterngewächse *(Asteraceae)*

Was wäre der Herbst ohne Topinambur? Es gäbe im Oktober draußen fast kein Gelb mehr.

Topinambur

Ursprüngliches Reich der Sonnenblumen ist Nordamerika. Wie die allseits beliebte einjährige Sonnenblume (*Helianthus annuus*) hat der Topinambur (*Helianthus tuberosus*) dort eine Biege gemacht. Schon im 17. Jahrhundert zunächst als Gemüse-, Viehfutter- und Zierpflanze, ab 1830 dann verwildernd. Mit ungeahntem Erfolg, denn an Böschungen, Bahn-, Straßen- und Wegrändern, auf oft garten- bzw. ortsnahen Brachen, auf Erdhaufen, im Bereich von oberen Flussufern, Steinbrüchen, Kies- und Sandgruben sowie auf Müllplätzen wird man diese bis 3 Meter hohe, schon weit verbreitete Schönheit gewahr.
Oft bis November blühend, schließt sie bei uns gemeinsam mit Efeu, Klebrigem Alant und einigen Astern-Arten die alljährliche Blühperiode ab. Mit rauen Stängeln und rauen, breit lanzettlichen, bis zu 25 Zentimetern langen Blättern. Meistens um 10 Zentimeter große

Blüten besitzen um acht bis 4 Zentimeter lange, gelbe Blütenblätter. Insgesamt eine imposante Erscheinung in oft karger Vegetation. Ungemein rüstiger Licht-, Stickstoff- und Wärmezeiger. Die unterirdischen, stärkehaltigen Rhizomknollen der auch Erdbirne genannten, ehemals kultivierten Pflanze wurden und werden als Kartoffelersatz beispielsweise für Diabetiker genutzt. Die Knollen waren ursprünglich faustgroß, sind verwildert aber nur noch länglich spindelförmig mit rötlich brauner Schale. Der Topinambur ist schon lange populär (»Langer Heinrich«). Er enthält viel Inulin, ein Ballaststoff, der sich unter anderem positiv auf die Darmflora auswirkt. Auch bei der Herstellung von Schnaps ist Topinambur hilfreich.

Der wärmeliebende Argentinische Nachtschatten stammt urspünglich aus Chile.

Solanum physalifolium
Familie der Nachtschattengewächse *(Solanaceae)*

Argentinischer Nachtschatten

Noch um 1990 bundesweit richtig selten, hat sich seitdem der nomadische Argentinische Nachtschatten (*Solanum physalifolium*, synonym *Solanum nitidibaccatum*) zumindest gebietsweise prächtig entwickelt. Immer häufiger läuft mir jedenfalls diese aus Chile stammende, bei uns seit 1880 eingeschleppte Aufsässige über den Weg. Was bei dieser wärmeliebenden Pflanze auch nur an der zunehmenden Erderwärmung liegen kann.

Sie wird schnell mit dem viel häufigeren, ebenfalls einjährigen, mit bis zu 50 Zentimetern Wuchshöhe und ebenfalls weißen Blüten sehr ähnlichen Schwarzen Nachtschatten (*Solanum nigrum*) verwechselt. Dabei unterscheidet er sich von Letzterem deutlich: Die gesamte Pflanze ist stark wollig behaart, Blätter oft hellgrün und fein gebuchtet, etwas kleinere Blüten von Juni bis Oktober. Vor allem die Früchte werden ab September nie schwarz, sondern bleiben glasig-grünlich mit hell marmorierenden Streifchen. Immer zu viert bis zu acht in kleinen Bündeln. Die Früchte glänzen, daher auch der Name Glanzfrüchtiger Nachtschatten. Zudem umschließen die Kelchblätter napfartig anliegend jede Frucht und sind nicht abstehend wie bei den schmackhaften, gleich großen Beeren des Schwarzen Nachtschattens. Zu suchen ist der Argentinische Nachtschatten auf und an Äckern, im überweideten Grünland, auf Ablagerungen aller Art wie etwa Erdhaufen, Bodenmieten, Halden von Bauschuttrecycling und Müllkippen, gelegentlich auf Wohnhausbaustellen, in Lehm- und Sandgruben, bei Umschlagplätzen (Häfen). Nährstoffliebend, nie ganz trocken stehend. Im Jahr 2000 habe ich ihn in großen Mengen auf Norderney und Langeoog gesehen. Es existieren bei uns weitere neophytische und einjährige Nachtschatten wie Gelbfrüchtiger, Rotfrüchtiger, der stark klebrige und duftende Saracho-Nachtschatten (2018 zahlreich hinter dem Rathaus Pforzheim) und der auf der Badeinsel Helgolands häufige Dreiblütige Nachtschatten mit seinen ausgeprägten, krallenartigen Fiederblättern.

Kanadische Goldrute

Solidago canadensis
Familie der Korbblütler *(Asteraceae)*

Von Sturm & Drang handelt auch der nächste Proband – eigentlich sind es gleich zwei. Denn in Deutschland liefern sich die Kanadische Goldrute (*Solidago canadensis*) und die ebenso häufige Riesen-Goldrute (*Solidago gigantea*) ein regelrechtes Kopf-an-Kopf-Rennen.
Diese Doppelspitze kennt sich bereits aus Nordamerika. Beide blühen gelb im Spätsommer, beide wuchern wie der Teufel, beide sind Heilpflanzen, beide besetzen ähnliche Standorte und werden von Fliegen, Schwebfliegen und Schmetterlingen besucht.
Die Kanadische Goldrute wird bis 2 Meter hoch und damit deutlich höher als die Riesen-Goldrute. Vieltriebig ist sie omnipräsent in den trockensten Gegenden. Beispielsweise weiter nach Osten in Polen ist sie fast nur noch die einzige *Solidago*-Art und wächst dort schon fast penetrant zusammen mit dem Land-Reitgras alles manisch zu. Fährt man nach Stettin, überall nur noch die Kanadische Goldrute in rauen Mengen. Die Blütenstände sind viel größer, feder- bis fächerartig zu den Seiten ausschweifend und auch noch im September zu sehen. Im Gegensatz zur kahlen Riesen-Goldrute mit oft rötlich violetten Stängeln, sind die der Kanadischen Goldrute mattgrün und flaumig behaart. Eselsbrücke: behaarte Goldrute mit kompakten, nur faustgroßen Blütenständen behaglich im winterkalten Osten, nackte Riesen-Goldrute im gemäßigten Westen. In Bremen und Köln dominiert eindeutig Letztere, in Berlin, Dresden, Leipzig

Die Kanadische Goldrute dominiert vor allem in Ostdeutschland und breitet sich rasant aus.

klar die erste Art. Neben Brachen, wo es beide spielend mit Gewöhnlichem Beifuß, Rainfarn, Acker-Kratzdistel und eben dem Land-Reitgras aufnehmen, werden Böschungen, Dämme, Straßen- und Wegränder sowie Flussufer zugedeckt. Selten kommen beide Arten gleichzeitig vor. Die Riesen-Goldrute geht auch eher in den Halbschatten und gedeiht auf feuchten Böden. Abmähen stört beide überhaupt nicht.
Die Kanadische Goldrute kam vor 1648 schon nach Europa, wurde im 19. Jahrhundert dann zu einer beliebten Gartenpflanze, verwilderte zunächst ab 1853 und hat sich dann seit etwa 1950 so richtig breitgemacht. Eines der erfolgreichsten plantaren Start-up-Unternehmen überhaupt, mit ca. 19.000 Samen je Stängel. Die Blätter werden als Tee verwendet, sind harntreibend und werden bei Blasen- und Nierenbeschwerden eingesetzt. Für Wildgärten geeignet, unterirdische Ausläufer sind jedoch kaum zu bändigen. Ein Teamplayer beider Goldruten ist manchmal die wesentlich kleinere, umso hübschere Grasblättrige Goldrute (*Solidago graminifolium*, auch aus Nordamerika), die in Bayern, Baden-Württemberg und in Niedersachsen einige schon jahrzehntealte Wuchsorte aufweist.

Schweden-Klee

Trifolium hybridum
Familie der Hülsenfrüchtler
(Fabaceae)

Eine Klee-Art ist hier Pflicht, und erstaunlicherweise kommt dann nur der Schweden-Klee (*Trifolium hybridum*) in Betracht. Alexandriner Klee, Inkarnat-Klee und Persischer Klee, diese drei Neulinge finden sich nämlich alle nur punktuell und nirgends von Dauer. Wirklich »*hybridum*« ist am Schweden-Klee gar nichts. Anfangs hielt man ihn für eine Mischung aus Rot-Klee und Weiß-Klee. Das kann man verstehen, wenn man die Blütenköpfe in der Größe des Rot-Klees betrachtet. Von Juni bis Mitte Oktober oben weiß und unten rötlich bis rosa, verblüht er dann bräunlich. Aber so vorzüglich wie der Schweden-Klee duften beide nicht, bei Sonnenschein wohlgemerkt. Dieser ausdauernde, manchmal aber kurzlebige Klee stammt aus Osteuropa und ist bis heute auch Teil verschiedener Ansaaten. Oft zur Bodenverbesserung, denn Schmetterlingsblütler sind Stickstoffsammler aus der Luft. Inzwischen ist er in allen Bundesländern weit verbreitet. Der Schweden-Klee wird 20 bis 80 Zentimeter hoch bzw. breit und zeichnet sich durch hohle Stängel aus. Die Blätter sind recht groß, kahl und von sehr feinen Zähnchen gesäumt. Die gesamte Pflanze hat oft einen bläulich grünen Teint. Bahngelände, Dämme, Lagerplätze, Sandgruben, Schutt, Straßen-, Weg- und Wiesenränder mit am liebsten lehmigen, sandig-kiesigen Böden werden favorisiert. Ein Kalk- und Wärmezeiger, aber nie wirklich trocken stehend. Um dann nicht selten doch noch zu verschwinden, vergleichbar mit Vielblättriger Lupine und der Nachtviole.

Foto Seite 159: Von den vielen Klee-Arten ist nur der Schweden-Klee ein eingebürgerter Neophyt.

IN SANDGRUBEN

VOM KANADISCHEN BERUFKRAUT BIS ZUM SCHMALFLÜGELIGEN WANZENSAME

Das reinste »Artenfeuerwerk«

Wundertüten gleich kommen oft unsere Sandgruben daher, im Grunde nur noch vergleichbar mit Bahnhöfen, Häfen, Müllkippen oder Truppenübungsplätzen. Man weiß nie so genau, was einen dort erwartet. Was letztes Jahr noch war, stellt sich dieses Jahr ganz anders dar, und nächstes Jahr hat sich schon wieder etwas geändert.

Das macht aber hier genau den besonderen Reiz aus, sorgt aber bei Nimmerwiedersehen manch botanischer Kostbarkeit oder gar durch Vernichtung ganzer Abbaubereiche für Verdruss. Vor allem in und um riesige Sandgruben, die am Ende dann oft über Jahrzehnte wieder ganz oder teilweise verfüllt werden, kann es zu wahren Artenfeuerwerken und Neophytengewittern kommen. Sowohl was die Höhe der Artenzahl als auch die Qualität der Spezies angeht.

Vom Weiher am Grubengrund bis zu trockensten Hängen, von völlig blank bis zu pionieren Gehölzen, von extrem nährstoffarm bis hypertroph, von pudersandig bis bindig-tonig kann da alles sein. Gesteigert auch noch durch eine Bauschutt-Recyclinganlage, früher auch gelegentliche Müllverklappung. Ein exzentrischer Topos für Globetrotter, mit manch nur halbherziger Art, dann auch wieder mit etlichen plantaren Futuristen – abgefahren, extrem mobil, gut gelaunt, schillernd, schnörkellos. Mit drei hier relativ konstant auftretenden Neophyten soll dem »Sprungbrett« Sandgrube Rechnung getragen werden.

Augenscheinlich nur aus Samen und Sprossen besteht der Schmalflügelige Wanzensame.

Kanadisches Berufkraut

Wie eine längst einheimische Pflanzenart trumpft bundesweit das Kanadische Berufkraut (*Conyza canadensis*) auf – als Musterschüler hätte es im Buch schon an einigen Stellen eher kommen können. Viele wundern sich immer noch, finden sie es selbst in ihren Gärten nebst gepflasterten Einfahrten oder davor in Ritzen des Bürgersteigs.

Nur nasse und beschattete Areale meidet dieser aus Nordamerika stammende, 20 bis 150 Zentimeter hohe und von Juni bis November blühende Extremist. Ich kann mich in Bezug auf die Wuchsorte also mal kürzer fassen, denn sonst stalkt das Kanadische Berufkraut überall, und zwar bundesweit. Besonders eindrucksvoll neben aufgegebenen Bahnbereichen auf sandigen Brachäckern und eben in Sandgruben sind oft Millionen von Berufkräutern zu sehen (→ Einjähriges Berufkraut, Seite 154).

Längst ist es auf allen deutschen Inseln, und auch im höheren Gebirge kommt es allmählich voran. Sicher einer der zehn langatmigsten Neophyten in Deutschland überhaupt. Und wieder liegt zu Beginn der Status als eingeführte Zierpflanze.

Anfangs wachsen flache, fast kreisrunde, graue, aus linearen Blättern bis 10 Zentimeter Länge aufgebaute Grundblattrosetten. Man denkt sich noch nichts Böses dabei. Aber so ab Juni geht es steil bergauf, quasi

Conyza canadensis
Familie der Asterngewächse
(*Asteraceae*)

raketenartig. Oft nur mit einem, erst in der oberen Hälfte verzweigten Hauptspross geht es in den Sommer, wo Tausende winzige, zylindrische, nur 3 Millimeter breite und 4 Millimeter hohe Blütenköpfchen sitzen. Unscheinbarer geht es kaum, denn diese haben keine oder nur sehr kurze, weiße Blütenblätter. Das Innere sind wie bei den echten Astern gelbliche Röhrenblüten.
Durch winzige Fallschirme flugfähig, extrem klein und leicht, werden Samen über sehr große Strecken transportiert. Dagegen ist kein Kraut gewachsen, selbst nicht im lückigen Grünland oder auf Waldschlägen.
Lagerplätze liebt dieses Kraut. Es schmeckt scharf wie Pfeffer, und die schmalen Blätter werden daher zum Würzen genutzt. Ebenfalls ein Mittel als Tee gegen Durchfall und bei Blutungen. Eine Pflanze mit kosmopolitischen Tendenzen, die abgeht wie wie »Schmidt's Katze«. Im Mittelmeergebiet aber noch deutlich seltener ist das Krause Berufkraut *(Conyza bonariensis)* aus Südamerika zu finden, welches aber schon in Bremen, Hamburg und kurzzeitig auf Helgoland gesichtet wurde.

Das so häufige Kanadische Berufkraut haben bestimmt schon alle mal irgendwo gesehen.

Oenothera glazioviana
Familie der Nachtkerzengewächse *(Onagraceae)*

Rotkelchige Nachtkerze

Nicht von schlechten Eltern sind die ursprünglich aus Nordamerika übergesiedelten, stets zweijährigen Nachtkerzen, von denen viele in Mitteleuropa zu völlig neuen Arten wurden.
Inzwischen gibt es über 80 verschiedene davon in Deutschland, fast eine eigene Wissenschaft, sie bastardieren nämlich fröhlich weiter. Neben der Artengruppe um die Gewöhnliche Nachtkerze (*Oenothera biennis*) sticht eine mit bis zu 6 Zentimeter breiten, gelben Blüten und auffallend flächig roten Kelchen besonders heraus, nämlich die Rotkelchige Nachtkerze (*Oenothera glazioviana*, synonym *Oenothera erythrosepala*).
Zunächst gab es sie als Schaupflanze in Botanischen und privaten Gärten, woraus sie ab Mitte des 19. Jahrhunderts den langen Marsch nach draußen antrat. Ein Narziss unter den Pflanzen, unberechenbar, weil dann doch nicht überall beständig. Bis 1,8 Meter hoch werdend, kommt diese am Stängel auch noch rot getupfte Nachtkerze wie so viele auch mal zu

Hunderten daher. Ein unvergleichliches Bild von Juni bis Oktober, vor allem abends, wenn sich die Blüten zu voller Pracht auftun. Ein spezielles Blinklicht selbst in tiefster Nacht, von lüsternden Nachtfaltern umschwärmt. Bienen, Hummeln und Schmetterlinge kommen am Tag. Die Blüten sind jedoch nur einen Tag haltbar. Manche vermuten auch, die Art könnte in England oder in den USA aus Kultur entstanden sein. Egal, jedenfalls schmückt sie neben Sandgruben auch Bahnanlagen, Böschungen, Brachen, Dämme, Häfen, Bürgersteig-, Weg- und Straßenränder, inzwischen auch nicht selten selbst am Rand und in der Mitte von Autobahnen. Häufig tummelt sich dort noch eine weitere expansive Nachtkerze, die kleinere Täuschende (*Oenothera fallax*). Sie ist das hybridogene Gemeinschaftswerk eben dieser Rotkelchigen und der Gewöhnlichen Nachtkerze – mit gestreiften Kelchen und deutlich kleineren Blüten.

Alle Nachtkerzen sind Kies-, Sand- und Schotterzeiger und vielfältig nutzbar. Schon die indigenen Völker wussten davon. Verarbeitet werden neben jungen Blättern vor allem bis 1,6 Meter tief reichende Wurzeln im ersten Jahr. Früher richtig angebaut als vitaminreiches Gemüse, wegen der dann rosa Farbe auch Schinkenwurzel genannt. *Oenothera* wörtlich übersetzt heißt »Blume mit Weingeruch der Wurzel«.

Die Samen in starr aufrechten Kapseln leisten eingerieben als Pflanzenöl wahre Wunderdinge. Sie helfen gegen brüchige Fingernägel, Ekzeme, Verbrennungen, trockene Haut und trockene Augen. Selbst in der Tiermedizin wird die Pflanze verwendet. Der aus Blüten und jungen Sprossen hergestellte Tee ist entzündungshemmend, krampflösend und magenberuhigend. Er hilft bei Husten und Verdauungsstörungen und ist allgemein vitalisierend. Zerstampfte Samen lassen sich auch Brot, Butter, Salaten und Soßen beigeben. Die dünnen Blütenblätter eignen sich zur Speisendekoration und werden in der Lichttherapie eingesetzt. Die Pflanze ist ein Tier- und Windstreuer, wieder ein sogenannter Wintersteher – die Samen werden über mehrere Monate und nur allmählich ausgeschüttet. Diese Nachtkerzen, eigentlich alle, englisch »Evening Primrose«, haben es also voll drauf. Fast alle Vertreter sind nicht an ihren Blattrosetten, sondern erst im zweiten Jahr an Charakteristika der Blüten, Blätter und Stängel identifizierbar. Oft ist dann die in irgendeiner Form am Objekt auftretende Farbe Rot entscheidend, oder sie fehlt ihnen eben.

Von den vielen Nachtkerzen-Arten bei uns besitzt die Rotkelchige die klar größten Blüten.

Schmalflügeliger Wanzensame

Corispermum leptopterum
Familie der Gänsefußgewächse (*Chenopodiaceae*)

Wieder ein Tumbleweed, ein Steppenrolller, erneut aus Südosteuropa bis Innerasien, ein Dreh- und Angelpunkt unter den Neophyten.
Er ist ein Sonnenanbeter par excellence der Halbwüsten und Steppen und leicht salzliebend – der Schmalflügelige Wanzensame (*Corispermum leptopterum*). Vor allem aufgemotzt zum Herbst hin und dann sich oft knallrot verfärbend, macht dieses Gänsefußgewächs seit Längerem auch in genügend großen Sandgruben von sich reden.
Bis 70 Zentimeter hoch und nicht selten um einen Meter breit sowie von Juli bis Oktober blühend, treibt der Wind am Ende zahlreiche Pflanzen in Mulden, Senken und vor steile Grubenwände. Wanzensamen-Friedhöfe entstehen so vor Wänden und Zäunen in Häfen und auf Spülflächen. Dann entsteht ein trostloser Eindruck und hat dann etwas von trist-gottverlassen und von »Spiel mir das Lied vom Tod«.
Massenhaft flache, scheibenartige Samen haben dann alle Exemplare schon verlassen. Leicht vom Winde verweht durch schmale Flügelränder, die die Oberfläche vergrößern.
Der Schmalflügelige Wanzensame ist eine alte Eisenbahnpflanze, seit 1849 in Deutschland. Lokal häufiger nordöstlich einer Grenze Bremen–Harz–Vogtland zu finden. Küstennah vor allem auf den flachen, nicht sofort bebauten Sandspülflächen der Häfen.
Regelmäßig kommt es hier zu Riesenpopulationen, die aber auch schnell wieder zusammenbrechen. Denn Bodenlockerheit, wehender Sand, fehlende Konkurrenz und ziemlich viele Nährstoffe behagen dieser ungewöhnlichen Spezies. Stark ästig verzweigt, eine kugelige Gestalt, ein Steppenroller eben. Bricht halb vertrocknet an den bis 2 Zentimeter dicken Stängelbasen ab und ist dann nur noch im Willen des Windes.
Erst seit 1930 in Niedersachsen entdeckt. Erste Funde, hier ebenfalls in Sandgruben, wurden als Sensation gefeiert.
Gebietsweise mit dem Sterben der alten, unbefestigten, heute lebensfeindlich umgestalteten Bahn- und Hafenanlagen auch in starkem Rückgang. In Sachsen und Berlin-Brandenburg jedoch absolut gesichert. Ebenfalls am Niederrhein und am Oberrhein zwischen Rastatt und Bingen sowie im Raum Nürnberg.
In Bremen und im Wendland wurde der Schmalflügelige Wanzensame sogar in Sandkästen von Kinderspielplätzen verschleppt. Hier hält er sich teils über Jahre. Gerne wächst er zusammen mit ebensolchen Spartanern wie etwa Einjähriges Berufkraut (→ Seite 154), Kanadisches Berufkraut (→ Seite 161) oder dem hier nicht behandelten Schlagkraut.

Foto Seite 165: Mit abgestorbenen Schmalflügeligen Wanzensamen hat der Wind leichtes Spiel.

IN UND AN ÄCKERN

VON DER SAMTPAPPEL BIS ZUM EINJÄHRIGEN BINGELKRAUT

Pflanzen im Schlepptau des Menschen

Ursprünglich bedeckten zu über 95 Prozent Wälder Deutschland in riesiger Ausdehnung. Mit der Sesshaftwerdung des Menschen wurden diese nach und nach aufgelichtet, beweidet, ganz gerodet, zu Holzkohle und für Bauwerke verwendet. Die regelmäßie Feldbestellung setzte ein, aus Süden, Südwesten und Südosten.

In der Folge fanden zahlreiche sogenannte Segetalpflanzen den Weg immer weiter nach Norden und Nordwesten. Aktuell zählen bei uns etwa 330 Pflanzenarten zur Ackerbegleitflora, die meisten als sogenannte Archaeophyten, also schon vor 1492 bei uns eingewandert.

Auch danach erfreuten sich Äcker bei den Wanderpflanzen ungebrochener Beliebtheit, sind hier doch Störpotenziale am höchsten. Wurzelrobuste und/oder samenfreudige Pflanzen sind besonders gefragt. Licht-, meist stickstoff- und gerne trockenheitsliebend sollten sie schon sein, zusätzlich mit langer Keimfähigkeit.

Neben schon vorher erwähnten Neophyten, etwa dem Kanadischen Berufkraut (→ Seite 161) oder der Strahlenlosen Kamille (→ Seite 142) müssen hier noch einige der nicht vorgestellten »Ackerpflanzen« zumindest erwähnt werden.

Da wäre zuerst der in ganz Deutschland bis auf die Hochlagen weit verbreitete Persische Ehrenpreis (*Veronica persica*) zu nennen. Er hat längst auch Einzug in unsere Gärten gehalten, ein Kalk- und Wärme-

Wie die ursprünglichen Arten der Äcker, müssen auch die Neophyten hier einiges aushalten.

zeiger. Vor allem in den Mais-Monokulturen des Nordens und Westens haben sich auf etwas wechselfeuchteren, gerne sandigen bis sogar torfigen Böden seit etwa 1990 auch Erdmandel (*Cyperus esculentus*), Haarästige Rispenhirse (*Panicum dichotomiflorum*), Quirlblütige Borstenhirse (*Setaria verticillata*) und Fabers Borstenhirse (*Setaria faberi*) zu veritablen Neophyten auf Äckern gemausert.

Samtpappel

Abutilon theophrasti
Familie der Malvengewächse (*Malvaceae*)

Bis fast ganz an die Spitze der Rangfolge der lateinischen Pflanzennamen in Deutschland hat sich die sanfte Samtpappel (*Abutilon theophrasti*) geschoben, hinter die Weiß-Tanne (*Abies alba*). Ein kapriziöser Migrant vom östlichen Mittelmeer, auch auf meiner Beliebtheitsskala sehr weit vorne. Die Samtpappel wird auch Lindenblättrige Schönmalve genannt, damit nähern wir uns auch schon diesem leisen Eroberer an. Gebietsweise im 18. und 19. Jahrhundert in Europa zeitweilig als letztlich nicht taugliche Faserpflanze angebaut, hat sic als zumeist unbeständige Ruderalpflanze, aber doch beständig in unseren Rübenfeldern Fuß gefasst. Ab etwa 1990 immer häufiger, und das vor allem im Süden und Osten Niedersachsens, im Süden Sachsen-Anhalts, in Teilen Sachsens sowie ab Karlsruhe im nördlichen Oberrheingraben zu beobachten. Einzelpflanzen sah ich auch im Elbesand bei Meißen und bei Rogätz nördlich von Magdeburg.

In den USA wohnte ich mehrere Monate neben der Samtpappel in einem Bauwagen in Detroit-Dearborn, wo ich 2002 viele Fußballfelder große Vegetationsmatten auf einer riesigen Aschendeponie für die Firma Ford vorzüchtete. Damals gehörten zu meinen weiteren treuen Begleitern auch noch Schakale!

60 – 120 Zentimeter hohe, meist eintriebige, steif bis schräg aufsteigende Pflanzen verfügen über samtig dicht behaarte Stängel und herzförmige, bis 15 Zentimeter lange, mattgrüne und gestielte Blätter.

Sehenswert sind die bis 3 Zentimeter breiten, orangegelben Blüten, geöffnet nur bei Sonnenschein. Einzeln oder in kleinen Gruppen wachsend, selten mal 20, 50 oder mehr Exemplare auf einem Acker.

Also wirklich keine Aufständlerin, keine Krawallschwester, aber vielleicht noch eine Aufstreberin. Bei uns absolut konkurrenzschwach. Schick sind auch die am Ende pechschwarzen Kapseln, die aussehen wie kleine Mühlräder oder breitere Mini-Treckerreifen in Kinderzimmern.

Tortenartig in Segmenten aufgereiht sind ebenfalls behaarte, flache, halbrunde, bis 4 Millimeter breite Samen – bis zu 17.000 je Individuum, die bis 50 Jahre keimfähig bleiben. Eine ausgesprochen auf Rübenfelder spezialisierte Art, gefördert durch hitzige Sommer mit zwischendurch kräftigen Regengüssen. Sonst kaum weiter zu finden, außer etwa auf Spülfeldern, in Häfen (Hamburg, hier nicht eingebürgert!), auf hofnahen Erdhaufen und Müllkippen. Ab und zu wird die Samtpappel als Topfpflanze angeboten. Eine gelb blühende Malvenart, übrigens die erste in Deutschlands Flora.

Die Samtpappel fehlte der Schweizer Flora (Flora Helvetica) von 1996 noch – doch heute ist sie hier bereits auf der Schwarzen Liste invasiver Arten. Ihr soll damit wieder der Garaus gemacht werden. Das wird jedoch niemals mehr passieren!

Der lateinische Name der Samtpappel *Abutilon* setzt sich zusammen aus: griech. *a* = gegen, *bous* = Rind, *tilos* = Durchfall. Die Pflanze ist ein altes Mittel gegen Rinder-Durchfall. *Theophrasti* ist dem altgriechischen Philosophen Theophrast (um 320 v. Chr.) zuzuordnen.

Die aparte Samtpappel der Rübenfelder zählt auch zu den hübschen Malvengewächsen.

Zurückgebogener Amarant

Amaranthus retroflexus
Familie der Fuchsschwanzgewächse
(Amaranthaceae)

Durch den Klimawandel befeuert werden schon seit etwa 25 Jahren die Vertreter der artenreichen Gattung *Amaranthus* – auch Fuchsschwänze genannt. Die meisten stammen aus Nordamerika.
Der King unter ihnen ist unangefochten der 0,2 bis 1,2 Meter hohe und von Juli bis November in kolbenartig dichten und verzweigten Scheinähren blühende Zurückgebogene Amarant (*Amaranthus retroflexus*). Zunächst auf Güterbahnhöfen und Häfen (Umschlagplätze), auf Müllkippen und um Vogelfutterfabriken ein eher einsames Dasein fristend, ist er heute ein fast gefürchtetes Unkraut der Rübenfelder und Weinberge. Auch Bahn-, Straßen- und Wegränder, Baumscheiben, Beete, trocken fallende Flussufer, Rastplätze, Komposte und selbst (Vor-)Gärten verachtet diese formenreiche, besonders wärmeliebende sogenannte C4-Pflanze nicht. Sie liebt trockene bis wechselfeuchte, meist übermäßig mit Nährstoffen versorgte, sandige bis lehmige Böden. Auf Hackfruchtäckern – auch zwischen Kartoffeln, Mais, Spargel – gerne am Rand oder im sogenannten Gewende. Nur 2 Millimeter große, diskusartig flache Samen glänzen schwarz um die Wette mit oft blauem Himmel ihrer bevorzugten Lebensräume. Im Schlepptau dieses Häuptlings befinden sich noch weitere Fuchsschwänze. Am weitesten gebracht hat es schon der Grünährige Amarant, ferner im Südwesten die flach ausgestreckt wachsenden Arten Westamerikanischer Amarant und Liegender Amarant. In Deutschland ebenfalls eingebürgert sind der Ausgerandete Amarant und Bouchons Amarant. Beide sind vor allem an sandigen Flussufern zu finden. Der Weiße Amarant wächst bevorzugt auf Bahnanlagen. Richtig selten ist dagegen noch der Griechische Amarant.

Vor allem in Weinbergen und in Hackfruchtäckern zeigt sich der Zurückgebogene Amarant.

Grannen-Ruchgras

Anthoxanthum aristatum
Familie der Süßgräser
(Poaceae)

Ebenfalls nicht auf Biegen und Brechen dahergekommen ist das zierliche, bis 30 Zentimeter hohe Grannen-Ruchgras (*Anthoxanthum aristatum*,

Doch deutlich weniger auffallend als manch anderer ist das zarte Grannen-Ruchgras.

synonym *Anthoxanthum puellii*). Seit 1850 ist es eine klare Domäne des Nordens. Im Grunde nur nördlich einer Linie Aachen–Senne bei Paderborn–Wolfsburg– Magdeburg–Bautzen. Mit Ausnahme der Lehmgebiete um die Ostsee, aber mit kleiner Exklave im nordöstlichen Harzvorland (Mansfelder Land). Denn das Grannen-Ruchgras, eher eine graugrüne Eminenz, ist ein ausgesprochener Mager- und Säurezeiger. Im Hafer- oder Roggenfeld nicht selten eine eigene, fast monophytische Krautschicht aufbauend – Kennart sogenannter Lämmersalat-Ackergesellschaften. Hier wachsen noch wahre Raritäten wie Acker-Hohlzahn, Frühlings-Zahntrost, Gezähnter Feldsalat, Kahles Ferkelkraut, Langblättriger Hohlzahn, als Clou die Acker-Feuerlilie und eben namengebender Lämmersalat. Immer ein absolutes Alarmgras, ein botanisches Zeigergras. Da wo Grannen-Ruchgras wächst, finden sich vielleicht noch weitere Sandacker-Akrobaten. Durch die intensive Landwirtschaft von heute mit schwerem Gerät und Glyphosat ist es gebietsweise wieder im Rückgang, nach einer absoluten Hausse in den 1950er-Jahren. Vom Mittelmeergebiet und Westeuropa zu uns abgebogen. Von Mai bis August blühend, mit knickig aufsteigenden, auch noch oben verzweigten Halmen. Gerne mit Sand- und Saat-Mohn, dagegen praktisch nie mit Klatsch-Mohn. Selten woanders hin verschleppt und dort dann immer unbeständig, etwa in Sandgruben.

Weißer Stechapfel

Datura stramonium
Familie der Nachtschattengewächse *(Solanaceae)*

Foto Seite 171: Mit keiner anderen Pflanze ist der Weiße Stechapfel zu verwechseln.

Unbestritten ein Kandidat für dieses Thema ist der auch Laien bekannte, einjährige Weiße Stechapfel (*Datura stramonium*), schon weil er manchem den Angstschweiß auf die Stirn treibt. Dabei ist der völlig harmlos, sofern man dieses schon unangenehm riechende Gewächs aus Mexiko nicht verspeist. Andererseits hat diese bis 1,3 Meter hohe, oft genauso breite, strauchartig gabelästig verzweigte Hochgiftigkeit bei uns sogar Eingang als Zierpflanze gefunden – oft mit einer blau blühenden Varietät = var. *tatula*. Der Weiße Stechapfel ist eine absolute Respektspflanze, von Mai bis jetzt sogar im November weiß blühend. Trichterartige Blüten mit

fünf spitzen Zipfeln werden 5 – 10 Zentimeter lang und um 5 Zentimeter breit. In Mengen herrlich anzusehen auf lehmig Planiertem, in Hackfruchtäckern wie Kartoffeln, Zuckerrüben und auch Spargel. Auf Kompostplätzen, Müllkippen und Schutt, auf Bahngelände mit angrenzendem Landhandel, in Häfen, um Kläranlagen und auch mal kurzfristig verschleppt auf trocken fallenden Flussufern, in Sandgruben oder auf Halden vom Bauschuttrecycling. Öfter verfrachtet mit Boden.
Schmuckstücke sind auch die eiförmig-walzlichen, bis 6 Zentimeter langen, stark bestachelten Fruchtstände, wie die Pflanze zunächst in dunklem Grün. Auf Kompostmieten oft noch lange bis ins Frühjahr den verbliebenen Torsi anhaftend.
Die Samen sind jahrzehntelang keimfähig, ein Licht-, Frische-, Stickstoff- und Wärmezeiger. Wieder mit geradezu lachhaft reduziertem Wurzelwerk – ganz erstaunlich, was daraus fabriziert wird. Blüten duftend, Nachtfalterblume, früher auch Kulturpflanze. Wächst gerne auch mal mit unbeständigen Neophyten der gleichen Familie, wie Bauerntabak, Giftbeere, Schwarzes Bilsenkraut (einheimisch!), Peruanische Judenkirsche, Dorniger und Wehrloser Stechapfel sowie diverse neue Nachtschatten-Arten, am gleichen Standort.
Als Arzneipflanze wurde der Weiße Stechapfel gegen Asthma (»Asthma-Zigarette«) eingesetzt, die dann aber öfter auch mal tödlich wirkte ...
Ein populäres Rauschgift, das in »Hexensalben« und »Liebestrunken« verwendet wurde.

Die weiblichen Blüten und Früchte des Einjährigen Bingelkrauts sitzen eng am Spross.

Einjähriges Bingelkraut

Immer wieder verblüffe ich meine Gäste mit dem eher schlichten, bis 50 Zentimeter hohen Einjährigen Bingelkraut (*Mercurialis annua*). Nicht wegen seiner Giftigkeit oder seiner Standorte in Rübenfeldern, Gärten, Weinbergen oder auch mal ruderal an Bodenmieten, Straßen und Wegen, nein: wegen seines prägnanten Geschlechtsdimorphismus. Männliche und weibliche Blüten befinden sich nämlich auf verschiedenen Pflanzen, mal überwiegt das eine, mal das andere Geschlecht – gefühlt meistens das männliche.
Von Mitte Mai bis inzwischen November ragen männliche Blüten gelbgrünlich wie an Fäden gezogen in gestielten, knäueligen

Scheinähren nach oben, weibliche grüne sitzen blattachselständig mehr im Inneren der Pflanzen. Die so ziemlich versteckten Fruchtkapseln des Einjährigen Bingelkrauts sind 2 – 3 Millimeter groß und behaart. Es benötigt stickstoffreiche, basenhaltige, nie zu trockene, gerne lehmige Böden in besonnten Lagen. Oft sieht man Massenpopulationen mit kaum noch anderen Mitstreitern.
Zunehmend ist es auch abseits der Äcker zu finden, kommt jedoch erstaunlicherweise trotz Klimawandels kaum nach Norden voran.
In Bremen hatte sich das Bingelkraut jahrelang in mehreren Kleingärten angesiedelt, da deren Pächter (versetzte Stahlwerker vom Werk Peine!) von dort kalkreichen Bördenlehm vom Standort Peine sozusagen im Kofferraum nahe des Standorts Bremen zur lokalen Bodenverbesserung verfrachteten.
Ein weiterer fremder Passagier war der hier ebenfalls fast unbekannte Glänzende Ehrenpreis (*Veronica polita*) – gelegentlich verschleppt auch auf Erdhaufen in Häfen und Güterbahnhöfen.
Das Einjährige Bingelkraut meidet Gebirgslagen oberhalb von 500 Metern. Seit 1600 ist es in Deutschland vertreten, möglicherweise auch Archaeophyt und somit bereits vor 1500 bei uns, sicher von Südwesten her eingereist.
Als Heilpflanze wurde es in der Antike und im Mittelalter getrocknet gegen Frauenleiden und Verdauungsprobleme verwendet. Das Wald-Bingelkraut *(Mercurialis perennis)* nutzte man früher als harntreibendes Mittel. Der deutsche Name »Bingelkraut« kommt übrigens von »bingeln« = pinkeln. Der Gattungsname *Mercurialis* kommt von lat. *mercurium* = Quecksilber. Sowohl das Einjährige Bingelkraut als auch das Wald-Bingelkraut werden beim Trocknen durch die Bildung des Farbstoffs Indigo blauschwarz und wurden so zum Bestandteil des »Steins der Weisen«. Früher glaubte man, mithilfe dieses Steins Quecksilber in Silber und Gold umwandeln zu können.
Allgemein bekannter ist das Wald-Bingelkraut. Eine ausdauernde, schattenliebende Art der Auen- und sonstigen Laubwälder auf basen- bis sehr kalkreichen Wäldern.
Dieses Bingelkraut ist gerne in Gesellschaft von Einbeere, Einblütigem Perlgras, Gelbem Windröschen, Hoher Schlüsselblume, Lungenkraut, Waldmeister und Wald-Zwenke.

Die männlichen Blüten des Einjährigen Bingelkrauts dagegen überragen stets die Pflanze.

Mercurialis annua
Familie der Wolfsmilchgewächse
(Euphorbiaceae)

AN KALIHALDEN

VOM SCHWARZWURZELBLÄTTRIGEN GIPSKRAUT UND VON DER MÄHNEN-GERSTE

Salzhalden als Lebensraum

Ganz spezielle Hotspots sind unsere Kalihalden, bundesweit alle nur punktuell zu finden, etwa in Hessen, Niedersachsen, Sachsen-Anhalt und Thüringen. Es sind meist zeitlich befristete Abbaustellen, viele daher längst wieder aufgegeben oder aktuell wieder aufwendig begrünt.

Den Reiz machen weniger die vor allem bei Sonnenwetter schneeweißen Salzhalden aus als vielmehr das unmittelbare Umfeld.

Kontaminiert von ständig durch Niedergeschläge abgespülter Salzlauge, haben sich am Fuß mehr oder weniger breite Mini-Nordseepolder eingestellt. Oder auch nicht, denn die Flora der Salzfluren von Kalihalden weicht doch ganz erheblich von unseren Küsten ab.

An dieser Stelle seien nur wenige genannt: die Kalihalden bei Wathlingen (Kreis Celle) und Lehrte (Großraum Hannover), die bei Neuhof (Kreis Fulda) in Hessen oder die ganz bedeutsame in Zielitz (Kreis Magdeburg) in Sachsen-Anhalt.

Selbst an das Salzwasser abführenden Gräben und Bächen, in angrenzenden Wiesen und auf salzbeeinflussten Brachen wird man fündig. Eine ganze Reihe heimischer Pflanzen finden hier im Binnenland eine Heimstatt, weit entfernt von der Küste: Keil-Melde, Milchkraut, Salz-Bunge, Salz-Hasenohr, Salztäschel, Schlitzblättriger Stielsame, Strand-Aster, Steppen- und Strand-Beifuß (beide Solgraben Artern) sowie Strand-Wegerich – um nur ein paar zu nennen.

Die alte Kalihalde bei Lehrte nahe von Hannover ist in ausgeräumter Börde weithin sichtbar.

Selbst einige Neophyten von hier hatten wir schon: Klebriger Alant (→ Seite 116) und Verschiedensamige Melde (→ Seite 109). Auch die eingewanderte Tataren-Melde (*Atriplex tatarica*) besitzt in den Kalihalden ein weiteres, bedeutendes Standbein.

Schwarzwurzelblättriges Gipskraut

Gypsophila scorzonerifolia
Familie der Nelkengewächse
(Caryophyllaceae)

Das bis 1,8 Meter hohe Schwarzwurzelblättrige Gipskraut (*Gypsophila scorzonerifolia*) bekommt man fast immer im Doppelpack, denn das gleich einen Meter niedrigere Durchwachsenblättrige Gipskraut (*G. perfoliata*) wächst meist direkt daneben oder gar darunter.
Ein ungewöhnliches Duo, eine eingespielte Doppelspitze, auch ihre Areale ähneln sich: Zwischen Verden im Nordwesten (Kalihalde Hülsen) bis zur Mulde in Sachsen im Südosten. Die hier vorgestellte Art ist auch noch bis Berlin und in die Lausitz hinein zu beobachten.
Sowohl das Schwarzwurzelblättrige Gipskraut als auch das Durchwachsenblättrige Gipskraut sind ausdauernd, kommen aus Asien. Beide blühen von Juni bis September, sind lichtliebend, haben ein kompaktes Wurzelsystem mit einer Pfahlwurzel, legen sich zum Ende der Vegetationsperiode

darnieder und sind stark salzaffin steiniger bis gipsreicher, nährstoffreicher Böden. Die größere Pflanze ist erst seit 1925 in Deutschland, die kleinere seit 1875.
Die Blätter vom adretten, oft buschigen, zuerst aufrechten Schwarzwurzelblättrigen Gipskraut sind bläulich grün und lanzettlich, wie beim Spitz-Wegerich, der hier auch hätte namengebend sein können.
Sehr viele Blüten in zahlreichen Teilrispen werden bis einen Zentimeter breit und sind heller rosa bis fast weiß als die kleinen, nur 6 Millimeter großen, lilaroten Blüten der »Zwillingsart«.
Beide Arten sind unglaublich beständig, selbst wenn aufgegebene Halden allmählich absacken. *Gypsophila scorzonerifolia* sah ich außerhalb von Kalihalden (in Niedersachsen auf/an fast allen!) auch auf Bahngelände in Berlin, Hannover, der Stadt Brandenburg, in Bernburg und Weißenfels. Hier möglicherweise bzw. offensichtlich gefördert durch langjährige Bahntransporte von Dünger bzw. Kalisalzen. In Niedersachsen sind beide Gipskräuter dagegen erst ab 1992 aufgefallen.
Das Schwarzwurzelblättrige Gipskraut hat große Ähnlichkeit mit dem Rispigen Gipskraut der Gärten (»Schleierkraut«, aus Südosteuropa), welches aber nur äußerst selten an ähnlichen Stellen verwildert.

Das Schwarzwurzelblättrige Gipskraut gibt es oft gleich im Paket mit dem Durchwachsenblättrigen.

Mähnen-Gerste

Hordeum jubatum
Familie der Süßgräser *(Poaceae)*

An Anmut und Grazie kaum zu überbieten ist die büschelig wachsende, bis 50 Zentimeter hohe, nicht verdrängende Mähnen-Gerste (*Hordeum jubatum*). Ein visuelles Highlight, ja geradezu grobschlächtig gibt sich da die sehr viel häufigere Mäuse-Gerste (*Hordeum murinum*).
Erstmals bekam ich die Mähnen-Gerste, dieses entzückende Gewächs, in großen Mengen in den 1980er-Jahren auf einer Industriebrache im Kreis Peine zu Gesicht, in jenen Zeiten gab es davon nämlich noch keine Wuchsorte in der Großstadt Hannover.
Seitdem bin ich dieser Pflanze regelrecht auf der Spur. Nicht nur an Kalihalden, sondern auch auf kontaminierten Bahnarealen, verschleppt in

Sandgruben, an Straßen (Autobahnen) und besonders reichlich auch auf Stahlwerksgelände. So besitzt Bremen um hiesiges Stahlwerk riesige Bestände, die immer mal wieder, aber dann leider doch nicht beständig, auf umgebende Hauptstraßen ausstrahlen.
Ein gefühlt kilometerlanges Vorkommen gibt es längs der Autobahn 4 nördlich bis nordöstlich von Eisenach in Thüringen. Von den Socken war ich 2020 ganz im Süden von Bayern, als ich an der Ausfahrt Ohlsdorf/Murnau einige Pflänzchen davon an der südöstlichen Leitplanke sah, zusammen mit dem ebenso seltenen Ysopblättrigen Weiderich. Fast hätte ich hier noch mal gewendet ...
Inzwischen liegen aus allen 16 Bundesländern Nachweise der Mähnen-Gerste vor. Hochburgen neben Südniedersachsen sind das Ruhrgebiet, Wilhelmshaven (alte Spülfelder!) und vor allem der Süden von Sachsen-Anhalt. Um Stahlwerke in Bremen, Peine und früher in Osnabrück, welches längst abgerissen ist, dann mit Rückstandschlacken auch verschleppt! Kurios daher ein Massenbestand 1996 inmitten eines völlig abgelegenen Hochmoors vom Truppenübungsplatz Munster-Nord, wo ein Stauteichdamm mit offensichtlicher Fremdschlacke bestückt worden war. Einnehmend sind die vielen haarfeinen, bis 8 Zentimeter langen, zuerst hellgrünen, dann weißlichen und am Ende sogar rötlichen Grannen, die federartig leicht am Ende zu allen Seiten abstehen. Dann bricht die ebenfalls dünne Ährenspindel auseinander, und der Wind treibt das Ganze vor sich her. Die Samen können auch durch Tiere verbreitet werden. Die Mähnen-Gerste ist zweijährig bis ausdauernd. Oft wird sie abgemäht und dann für verschollen gehalten – genau dort, wo sonst gar nichts wächst.
Da das natürliche Verbreitungsgebiet in Nordostsibirien und in Alaska – beiderseits der Beringstraße – liegt, wird klar, dass es hier mal eine Landverbindung geben hat.
In den USA ist die Mähnen-Gerste eine Massenpflanze auf den breiten, extrem tausalzbeeinflussten Innenräumen der vielen Interstate-Straßen. Sie sehen aus wie wehende Getreidefeder. Neophytisch etwa 2002 bis 2006 zwischen Detroit und Chicago.
Dagegen ist die Mähnen-Gerste bei uns an Nord- und Ostsee keine Art der Salzwiesen und alten Rinderweiden. Hier dominiert vielmehr die entfernt ähnliche Roggen-Gerste (*Hordeum secalinum*).

Spätestens mit der filigranen Mähnen-Gerste sollten Sie von Neophyten begeistert sein.

IM UND AM WALD

VOM SELTSAMEN LAUCH BIS ZUR ROBINIE

Ein weites Feld für Neophyten

Wälder sind unsere ausgereiftesten Lebensräume. Das Waldkleid hat sich hier über Jahrtausende, je nach Bodenart und Feuchtegrad, eingespielt und gilt daher als weitgehend austariert. Wer es also als Neophyt bis hierher schafft, ist besonders bräsig, ignorant, stark und trickreich.
Dabei hat wie immer vor allem der Mensch geholfen, indem er die Baumartenwahl nach seinem Gutdünken beeinflusst hat, nur oft aber nicht mit ökologischem Denken. Denn viele haben es nicht dabei bewenden lassen und gelten als besonders erfolgreiche Überläufer.
Ihre erstaunlichsten Vertreter werden nachfolgend gewürdigt. Dabei soll nicht verschwiegen werden, ganz im Gegenteil, dass auch viele einheimische Wucherpflanzen hier Klassenbeste sind: zahlreiche einheimischen Brombeer-Arten, Efeu, Gewöhnliche Waldrebe, Giersch, Große Brennnessel, Kletten-Labkraut, Knoblauchsrauke, Rainkohl, Ruprechts-Storchschnabel, im Nordwesten Deutschlands Rankender Lerchensporn sowie der inzwischen massive Jungwuchs von Ahorn-Arten, Esche, Hainbuche, siedlungsnah stellenweise sogar von Eibe.
Es lohnt sich hier ebenfalls eine differenzierte Betrachtung, auch wenn am Ende nicht alle Widersprüche ausgeräumt werden können.
Eigentlich müsste in diesem Kapitel die Echte Walnuss (*Juglans regia*) behandelt werden. Sie fiel dann aber noch kurz vor Schluss meiner Neophyten-Auswahl einem anderen Kandidaten zum Opfer.

Kaum ein zweiter Quereinsteiger ist so expansiv wie die Silberblättrige Taubnessel.

Auch die Walnuss hat von der Klimaerwärmung stark profitiert. Botaniker sprechen gar von »Juglandisierung«. Erfroren die Nüsse früher regelmäßig im Herbst und Winter, kommen heute fast alle durch, und so hat sich dieser Fruchtbaum vor allem in stadtnahen Wäldern, in Parks und Gebüschen ziemlich ausgebreitet.

Hauptproblem dabei ist das stark gerbsäurehaltige Laub, welches die natürliche Krautschicht behindert bzw. in ihrer Zusammensetzung ganz verändert. Daher ziehe ich bei jeder sich bietenden Gelegenheit junge Walnussbäume heraus, obwohl ich diesen Baum vor allem wegen seiner Blätter und hübschen Rinde sehr mag.

Die expansionsfreudige und vor allem ausschlagwillige Ess-Kastanie oder Marone (*Castanea sativa*) aus Südeuropa und Westasien dagegen wird in Deutschland als Archaeophyt gewertet, zumindest im Südwesten. Sie ist als Fruchtbaum ursprünglich von den Römern mitgebracht schon vor 1500 bei uns verwildert. Heute teils »eine Plage« in und am Rand von Weinbergen wie etwa am Pfälzer Wald, am Schwarzwald und an der Mosel. In einigen Wäldern hat auch die submediterran verbreitete Durchwachsenblättrige Gelbdolde (*Smyrnium perfoliatum*) Fuß gefasst. Etwa südlich von Hamburg, in Bad Dürrenberg/Saale, in Leipzig und Schweinfurt. Sie ist aber noch zu selten, um ein richtiges Areal aufzubauen. Ein weiterer Wald-Kandidat ist das sehr häufige März-Veilchen (*Viola odorata*), das wenigstens nördlich des Mains und im ganzen Osten sicher ein Neophyt ist, im Süden und Südwesten aber ebenfalls als Archaeophyt, also eingewandert vor 1500, gewertet wird. Auf der Bundesliste der Neophyten ist das März-Veilchen jedoch aufgeführt!

Ebenfalls in naturnahen Wäldern, etwa massenhaft mehrfach im Kaiserstuhl, ist das in Südosteuropa bis zum Kaukasus wachsende Hohe Helmkraut etabliert (*Scutellaria altissima*), das ich 2015 gesehen habe. Es besitzt bei uns jedoch ein noch viel zu kleines Areal.

Allium paradoxum
Familie der Liliengewächse (*Liliaceae*)

Seltsamer Lauch

Bei mir ganz hoch im Kurs steht der Seltsame Lauch (*Allium paradoxum*), eine Küchenpflanze par exellence. Die auch »Berliner Lauch« oder »Wunder-Lauch« titulierte Pflanze erregte schon in Hannover zu Studententagen in den 1980er-Jahren meine Aufmerksamkeit.

Flächendeckend und bei Sonnenschein im April bis Mai rochen die westlichen Teile des Stadtwaldes Eilenriede überwältigend nach Schnittlauch. Das kannte ich nur aus Vatterns Küche, wenn dieser mal wieder seinen geliebten Tomatensalat verfeinerte. Heute müssten Sie mal diesen Wald besuchen (Erstnachweis 1940) – fast überall dieser *Allium*: im Norden, Osten, Süden ... Obwohl die Wegränder zur Blütezeit regelmäßig gemäht werden, um das Aussamen zu verhindern, wird dieses »Rezept« wohl wirkungslos bleiben, denn an die Zwiebeln im Boden gelangt man so sicher nicht.

Hergeschleppt aus dem Kaukasus, auch aus dem Iran und Turkmenistan, ist wirklich alles an dieser Pflanze verwertbar: die überwiegend bis zu fünf weißen Blüten an dreikantigen, saftigen Stängeln, die vielen grünlichen (Tochter-)Zwiebeln und vor allem diese dunkelgrünen, glänzenden, am Ende schlappen, bis 2 Zentimeter breiten Blätter.

Diesen plantaren Gesundbrunnen findet man in Berlin in fast allen Parks, erstaunlicherweise – bereits im Januar sichtbar – im Tiergarten direkt am Brandenburger Tor und vor allem im ehemaligen Osten der Stadt, wie Bulgarische Straße, Plänterwald und Treptow.

Der Seltsame Lauch wird bis 30 Zentimeter hoch und mag lockere, nährstoffreiche, nicht zu sandige und zu lichte Laubwälder.

Schon ein absolutes Markenzeichen ist in Wäldern in und um Berlin der Seltsame Lauch.

Die Baumarten sind ihm egal. Aber auch an Straßenrändern ist er zu finden, so im »Raum Bremen« bisher nur gesehen im Südwesten der Stadt Cuxhaven (2018 ca. 150 m²). Ferner z. B. in Dannenberg (Berliner Park!), Lübeck, Münster, Neubrandenburg, Schwerin, 2006 in Kassel in der Karlsaue, an der Peripherie Hamburgs, in Hannover in weiteren Wäldern (Lindener Brunnen, Seelhorst). Sicher auch aus Gärten und aus Botanischen Gärten verwildert, wieder mithilfe von Gartenabfällen und durch Verschleppung mit Bodenmaterial.

Schönes Holz, frühe Blüten, im Juli leckere Beeren: Kupfer-Felsenbirnen aus Nordamerika

Amelanchier lamarckii
Familie der Rosengewächse *(Rosaceae)*

Kupfer-Felsenbirne

Fast immer angetan bin ich vom nächsten Schützling, von der meist mehr- und umtriebigen Kupfer-Felsenbirne (*Amelanchier lamarckii*), die lange Zeit Kanadische Felsenkirsche genannt wurde. Bis sich herausstellte, dass es sich um einen in Europa neu entwickelten und bis 10 Meter hohen Strauch handelt, der mit dem ursprünglichen Export nicht mehr alles gemein hat. Und »fast« nur deshalb, weil auch die vielen Stadttauben dermaßen in sie vernarrt sind, dass sie dort zur Beerenreife im Juni/Juli dauernd hocken und fressen und fressen – mit der danach unangenehmen Folge, ihren Kot auf alle umliegenden Autos zu verteilen, sofern dort alte Straßenbäume die Ränder säumen.
Kupfer-Felsenbirnen werden bis heute extrem häufig angepflanzt als Garten-, Park- und Straßenrandgehölz, um Fabriken, Parkplätze und Schulen, selbst in Kübeln. Die im Grund im April/Mai erste richtige Strauchblüte verzückt im Frühling viele Menschen, neben Forsythien und Blut-Johannisbeeren.
Während der Blütezeit hängen zahlreiche bis 2,5 Zentimeter breite, schneeweiße Blüten in unbeblätterten Trauben von grauen Zweigen herab. Der Strauch blüht relativ kurz, die Blütenblätter sind schmal und berühren sich nie. Mit dann allerersten kupferroten, dann seidig behaarten Blattaustrieben. Auch die Herbstfärbung ist grandios, leuchtend feuerrot die dann bis um 8 Zentimeter langen und bis 4 Zentimeter breiten, elliptischen, randlich stark gesägten Blätter an bis 2 Zentimeter langen Stielen. Ein widerstandsfähiger Neophyt aus hartem Holz.
Städte wie Hannover, Kassel, Oldenburg, Regensburg, Stuttgart, das ganze

Ruhrgebiet triefen von der Kupfer-Felsenbirne. Verwildert ist sie aber wieder eine eher nordwestdeutsche Angelegenheit: Eingeführt in Wälder als Strauchwuchs etwa in Ostfriesland, wo es von Natur aus nicht einmal Haselnuss und Schlehe gab.
Die bis einen Zentimeter großen, runden Früchte sind sehr schmackhaft und werden satirisch daher »Ostfriesische Korinthen« genannt. Aus ihnen kann man Marmelade und Säfte herstellen. Wenn man sie einfach so nascht, stören die relativ großen Samen ein wenig. Aber die blauschwarzen reifen Früchte sind auf jeden Fall mehr als nur eine Notnahrung. Die Anfänge dieses Strauchs liegen im östlichen Nordamerika. In Ostfriesland 1926 erstmals verwildernd, im Osnabrücker Land ab 1940. Teils in dichten Strauchschichten auf sandigen bis gerne torfigen, eher trockenen als feuchten, nährstoff- und kalkärmeren Böden wachsend. Gerne in lichten Eichen-, Eichen-Birken- und jüngeren Kiefernwäldern zusammen mit unserer Vogelbeere/Eberesche. Von Vögeln verschleppt und sicher durch Baumschulen begünstigt etwa um Hamburg und im Ammerland. Sie wird von Förstern auch gezielt wieder eliminiert. In Städten gibt es auffallend selten Jungwuchs!
Ein weiterer Neophyt aus der Familie der Rosengewächse ist die Pracht-Himbeere (*Rubus spectabilis*). Sie stammt ebenfalls aus Nordamerika und hat sowohl verwildert als auch angepflanzt ein fast identisches Areal wie die Kupfer-Felsenbirne. Im Bremer Gebiet kann die Pracht-Himbeere schon ab Ende März blühen.

Silberblättrige Taubnessel

Lamium argentatum
Familie der Lippenblütler *(Lamiaceae)*

Viel weniger Kredit bei fast allen hat mittlerweile die omnipräsente Silberblättrige Taubnessel (*Lamium argentatum*). Inzwischen hat sie es zu einer der bekanntesten Gartenpflanzen gebracht, wenn auch nicht als Neophyt. Übrigens ist sie die einzige hier betrachtete Pflanze aus der doch sonst so artenreichen Familie der Lippenblütler.
Aus meiner Sammlung von Attributen passt zu ihr alles mit dem Buchstaben D: Dauerbrenner, Dauergast, Dauerläufer, Dichtmacher, dickfällig, Dickkopf, Diktator, Dominator, Drängler, Draufgänger, dreist, Drücker, Durchsetzer, Durchstarter. Dreh- und Angelpunkt für Verdruss im heimischen Garten, außer wenn die Silberblättrige Taubnessel von Ende April bis Anfang Juni in bis zu 30 Zentimeter langen Scheinähren im klassischen Zitronengelb blüht.
Fast überall hat man sich dieser bis einen Meter lang »züngelnden« Art entledigt, mit ungeahnten Folgen für die Krautschichten besonders ortsnaher Laubwälder. Eine echte Problempflanze. Selbst Drahtrollen, Feuerholzstapel, Komposte, Treppen und Zäune werden gnadenlos

Foto Seite 182. Die Kupfer-Felsenbirne brilliert mit ihrem prächtigen Herbstlaub.

angegriffen, sich daran hochgewuppt und dann einfach unter sich begraben. Überall grätscht diese Spaßbremse rein, in ständiger Bereitschaft. Ganz sicher hier ein Schlüssel-Neophyt.
Selbst wenn man glaubt, man hätte mit Schäufelchen und eisernem Stechbüdel diesem Kontrahenten Einhalt geboten ... Denkste! Aus jedem übersehenen Ausläuferstückchen schwingt sich doch ein neues Pflänzchen heraus, auch pures Abmähen nützt nichts. Im Gegenteil, es scheint sich sogar darüber zu freuen.
Im verwilderten Scherrasen absolut unausrottbar – falls man hier mal die Chemie außen vor lässt. Unterwegs in immer gleichem Modus Operandi: einfach weit und darüber weg! Dabei sind Blüten und Blätter essbar. Sie ergeben ein schmackhaftes Blattgemüse und können Salaten, Kräuterölen und Saucen beigegeben werden. Tee lässt sich aus frischen und getrockneten Blättern aufbrühen, der ebenso harntreibend wie etwa Brennnesseltee wirkt. Die honigsüßen, hübschen Taubnesselblüten kann man unter anderem etwa zum Dekorieren von Speisen verwenden.
Ein Gewächs, das inzwischen überall rumgierscht, eine Pflanze mit extrem großer Klappe, aus der Abteilung »Achtung, Überfall!«. Kann inzwischen längst sogar torfigen Moorboden, Bahnböschung, Birkenwald, Fichtenforst und hohes Flussufer besiedeln.

Die Silberblättrige Taubnessel überwächst sogar Gartengeräte, Holz- und Steinstapel.

Die Silberblättrige Taubnessel hat auch schon ein paar Umtaufungen hinter sich: *Lamium/Lamiastrum montanum, Lamium florentinum.* Nicht selten tritt hier das ebenfalls flächig übertölpende Kleine Immergrün *(Vinca minor)* hinzu, welches aber nur im Norden und Osten Deutschlands ein Neophyt ist, sonst ein Archaeophyt, zuerst Burgen- und Klosterrelikt. Dann oft als Duo oder gar als Trio, denn das inzwischen ebenso forsche Große Immergrün (*Vinca major*), vom Mittelmeergebiet bis Vorderasien, hat zuletzt mächtig aufgeholt.

Gewöhnliche Zaunrebe

Auf Bahnarealen, längs von Bahnlinien und auf aufgelassenen Alt-Industrieflächen schiebt die polyglotte Gewöhnliche Zaunrebe *(Parthenocissus inserta*) ihre strebsam-toughen Ranken über das Geläuf, jederzeit nach Flächengewinnen gierend, ähnlich der Armenischen Brombeere (→ Seite 95).

Die Gewöhnliche Zaunrebe wird auch Fünffingeriger Wilder Wein, Fünfblättrige Zaunrebe oder Jungfernrebe genannt. Ein Klettermaxe mit Parforce, ganz passabel, ein wahres Powergewächs.
Für andere aber auch wieder ein unbequemer Provokateur, eine pflanzliche Persona non grata, platt machender Proband, platziert sich ungebeten, planiert, plättet und presst. Dabei war das Anfang der 1980er-Jahre noch gar nicht absehbar.
Hie und da sah man diese Erscheinung beispielsweise in Hannover an Bahndämmen oder in der Nachbarschaft von Kleingärten. In Frankreich und Italien an Flüssen schon weit übergriffiger, macht er dies jetzt auch bei uns, natürlich wieder besonders hofiert durch Gartenabfälle.
Im Nu ist er zur Seite und in bis 20 Metern Höhe gewachsen, leuchtet egal auf welchen Böden im Herbst violett bis feuerrot. Da geht selbst der Efeu in die Knie.
Ehemals auch als Architektentrost aus Nordamerika geholt, hat er längst sein eigenes, höchst florierendes Start-up-Unternehmen gegründet. Selbst im abgelegenen Wendland, sozusagen am Ende der Welt, findet man diesen Wirbelwind an jedem zweiten Dorf mit Waldanschluss.
Kennzeichen sind fünfteilige, glänzende, grob gesägte Blätter ohne Haftscheiben, stattdessen mit eifrigen, bewurzelungsfähigen Kriechsprossen. Von Juli bis September mit unscheinbaren Blüten in Trugdolden, später blauschwarz-matte Früchte mit pfefferig scharf schmeckenden Samen. Eine nützliche Kletterpflanze, Bienenweide, in Städten Habitat von Hausspatzen und allerlei sonstigem Getier. Erhöht hier die Luftfeuchte und bindet ungebetene Stäube aus der Luft.
Auf frischen bis mäßig feuchten, selbst trockenen, am liebsten nährstoffreichen Böden an/über Gebäuden, Gebüschen, Hecken, Auwäldern, greift sich Obstbäume und Zäune, aber auch Eichen- und eben Kiefernwälder. Meist siedlungsnah, durch Vögel immer weiter expandierend.
Zugegeben – auch mal übergriffig, überrumpelnd, unangenehm, unbeirrt, unbekümmert, unbequem, unkollegial bis unorthodox – unfassbar.

So richtig ins Auge fällt die Gewöhnliche Zaunrebe im blutroten Gewand im Herbst.

Parthenocissus inserta
Familie der Weingewächse *(Vitaceae)*

Späte Traubenkirsche

Prunus serotina
Familie der Rosengewächse *(Rosaceae)*

Ebenfalls aus dem östlichen Nordamerika und inzwischen in Mitteleuropa unwillkommen, eilt der beharrlichen Späten Traubenkirsche (*Prunus serotina*) ein besonders schlechter Ruf voraus.
Anfangs, etwa ab 1860, war sie noch ein wahrer Hoffnungsträger auf leichten, kalk- und nährstoffarmen Böden. Fehlte doch hier oft eine natürliche Strauchschicht, etwa in Eichen-Birken-Wäldern. Dem hat dieser eingebürgerte, 3 bis 15 Meter hohe Neophyt aber tüchtig abgeholfen und ist ohne langes Prozedere längst zur »Waldpest« mutiert. Von der belgischen bis zur polnischen Grenze heute im Tiefland ein einziges Traubenkirschen-Meer. Bis auf die Halligen schon auf allen Nordseeinseln. Auch in die (Vor-)Städte dringt sie vor – lästig, ein Lebenskünstler. Schon lange legendär ihr Stockausschlagvermögen, ein lustvoller Legionär, Losschläger, Lückenbüßer, Luftikus und lecker! Ja, stimmt, denn aufhorchen lassen die am Ende pechschwarzen, kaum einen Zentimeter großen Beeren, die bitter-süßlich schmecken. Ich esse sie häufig. Doch Achtung! Außer den Beeren ist an ihr alles stark giftig: Das Holz, die Rinde, die lorbeerartigen, bis 10 Zentimeter langen, eiförmigen, glänzenden und zugespitzen Blätter – schon 15 »Kirschkerne« sollen tödlich sein. Aber auch Vögel tun sich an ihr gütlich, ein weiteres Problem. So kommt sie überall voran, und nicht selten sieht man unter alten Sträuchern Tausende von Keimpflanzen, von denen dann doch immer ein paar zu Höherem berufen sind. Im Bremer Raum muss ich deshalb fast alljährlich ausrücken, um mit Rosenschere und Spaten stark bedrohten Pflanzenarten wie Berg-Wohlverleih (Arnika), Keulen-Bärlapp, Moltebeere und Schwedischem Hartriegel zu Hilfe zu eilen. Das weiche Holz der Späten Traubenkirsche ist brüchig, Ab- und Umknicken geht daher auch bei älteren Exemplaren immer – nur bewirkt man dadurch kaum etwas, außer eine Wuchsverzögerung. Ansehnlich sind im Mai bis Anfang Juni in tieferen Lagen zahlreiche weiße Blüten in stehenden bis hängenden

Die Späte Traubenkirsche besitzt durch zahlreiche Blüten dann auch viele Samen.

Trauben. Sie blüht etwa drei Wochen nach der einheimischen Echten Traubenkirsche (*Prunus padus*). Weiterer Trost ist die goldgelbe Herbstfärbung der Späten Traubenkirsche, zusammen mit dem indigenen Faulbaum *(Frangula alnus)* gleicher Standorte beschließen dann beide im November das Farbenjahr in Wald und Forst. Die Keimung erfolgt unter der Erde und damit anders als bei übrigen *Prunus*-Vertretern. Sie blüht und fruchtet bereits im siebten Jahr. Summa summarum sicher einer der zehn problematischsten Überläufer, einer mit ganz kurzem Prozess!

Gewöhnliche Douglasie

Pseudotsuga menziesii
Familie der Kieferngewächse *(Pinaceae)*

Der Duft der Nadeln der Douglasie versetzt mich immer in Weihnachtsstimmung.

Bei uns inzwischen ebenfalls mehr Sein als Schein ist die Gewöhnliche Douglasie (*Pseudotsuga menziesii*) – jedenfalls nichts mit pseudo ... Sie sieht nämlich der Hemlock-Tanne (*Tsuga canadensis*), einem nicht verwildernden Garten- und Parkbaum, überhaupt nicht ähnlich, sieht man mal vom Wesen eines Nadelbaumes ab.

Die Douglasie besitzt bis 4 Zentimeter lange, weiche, dunkel-blaugrüne, unterseits weißlich gestreifte, bei Reibung extrem aromatisch und lieblich nach Orangen duftende Nadeln, die meist drehrund, aber auch mal fast zweizeilig an biegsamen Zweigen angebracht sind. Ein erster Pluspunkt der einzigen Nadelbaumart in meiner Neophyten-Kollektion.

Der Baum wird bis 50 Meter hoch, erreicht in seiner Heimat im pazifischen Nordamerika bei bester Wasserversorgung sogar 90 Meter. Die wie bei den Fichten – und im Gegensatz zu Tannen – als Ganzes abfallenden Zapfen mit großen Deckschuppen werden bis 11 Zentimeter lang und sind ebenfalls sehr biegsam. Ganz markant ist bei alten Bäumen zudem eine grob längsrissige, fast wie Watte aussehende, rötlich- bis zimtbraune Borke.

Diese trotz starker Austrocknung und sogar Bränden. Ein beliebter Forstbaum, da er rasch wächst, sich auch gut verjüngt, was zu plenterartig gestuften Nadelwäldern führt. Und er ist sehr schattenverträglich. Ein Flach-und Intensivwurzler, optimal auf sandig-lehmigen bis lehmigen Böden, gerne in Hanglagen, etwas frostempfindlich. Sich in Deutschland außerhalb der Städte inzwischen überall spontan

verjüngend bis auf zu moorige, sandige und zu kalkreiche Gegenden. In Deutschland im Gegensatz zur Schweiz als invasives Gehölz gelistet, was ich nicht bestätigen kann und auch viele Förster nicht.
Die Gewöhnliche Douglasie wird 400 bis in ihrer Heimat 1400 Jahre alt und war im Tertiär auch in Europa heimisch. Ihr Holz ist hart und trotzdem biegsam. Es findet Verwendung vor allem als Dachstühle, als Schiffsmasten und im Wasserbau. Außerdem ist die Douglasie Lieferant von Schmuckreisig ähnlich Wald-Kiefer und Strobe (Weymouth-Kiefer) und wird gern als Weihnachtsbaum gekauft. Der höchste Baum Deutschlands ist übrigens auch eine Douglasie, etwa 110-jährig mit 66,6 Metern Höhe. Sie wächst im Stadtwald Freiburg (Günterstal).

Quercus rubra
Familie der Buchengewächse *(Fagaceae)*

Amerikanische Roteiche

Die Blätter der Amerikanischen Roteiche sind größer als die unserer Stiel-Eiche.

Allgemein viel bekannter als die Gewöhnliche Douglasie ist da schon die bis 30 Meter hohe Amerikanische Roteiche (*Quercus rubra*). Ist ja auch kein Kunststück mit signifikant rotbrauner Herbstfärbung der bis 20 Zentimeter langen und bis 12 Zentimeter breiten, stark eingeschnittenen Blätter. Sie glänzen und sind lang gestielt.

Da es in Deutschland nur fünf heimische Eichen-Arten gibt – inklusive zweier daraus gebildeter Bastard-Eichen –, war sie bei Bauern, Forstleuten, Jägern, Großhof- und Schlossbesitzern hochwillkommen.
Angepflanzt als raschwüchsiges Allee-, Forst-, Park- und Straßengehölz, mit fast kegelartigen, unten und oben abgeflachten, um 2 Zentimeter hohen und breiten Eicheln. Mit glatter, grauer, nur wenig längsrissiger Rinde.
Ich bin da ganz ehrlich, ich mag die auch einfach Roteiche genannte Naturausgabe überhaupt nicht. Überall, wo sie flächig wächst, nur noch diese expansive Eiche. Schlägt man sie ab, treibt sie neu aus. Unter ihrer dichten Bodenlaubschicht, teilweise benötigen die Blätter über fünf Jahre, um vollständig zu verrotten, wächst am Boden außer ihresgleichen gar nichts mehr. Ebenso wie bei penetranten Adlerfarn- und Brombeerbeständen, dichten Fichtenwäldern, heutzutage weithin öden Getreidefeldern oder absolut unnatürlichen Grasäckern.

Eine Art »Waldpest« auf sandigen bis lehmigen, nicht zu feuchten, am besten kalkarmen Böden. Etwas frostempfindlich, trockenheitsanfällig und windbruchgefährdet.
Bis 200 Jahre alte Roteichen müssen jetzt in Bremen an vielen Straßen aus Sicherheitsgründen wegen innerer Vermorschung gefällt werden. Die Roteiche stammt bis auf ihren Süden von der Osthälfte der USA, seit 1724 bei uns verwildernd, verstärkter Jungwuchs vor allem seit Beginn der 1990er-Jahre. Meidet jedoch den Süden Bayerns und einen breiten Streifen längs unserer Küsten. Hochburgen sind Sachsen und Thüringen. Sie kann bis 400 Jahre alt werden und bis zu 2 Meter dicke Stämme ausbilden.

Die Robinie ist vielseitig verwendbar, zum Beispiel als Tracht zur Honiggewinnung.

Robinie

Robinia pseudoacacia
Familie der Hülsenfrüchtler *(Fabaceae)*

An der bis 25 Meter hohen, sehr speziellen Robinie (*Robinia pseudoacacia*), auch Gewöhnliche Scheinakazie genannt, scheiden sich mal wieder die Geister. Bei mir persönlich hat sie einerseits als Wirt meiner geliebten Laubholz-Misteln (*Viscum album*) ein Stein im Brett, andererseits habe ich mich im Zuge der beruflichen Park- und Siedlungspflege auch schon ein paarmal an ihren extrem wehrhaften, flachen, bis 3 Zentimeter langen Dornen verletzt.
Wieder andere rühmen ihre hübschen Fiederblätter, den im Mai bis Juni wunderbaren Blütenduft (»Silberregen«) inklusive des von ihr erzeugten Blütenhonigs (»Akazienhonig«), gepaart mit einer Industrie- und Tausalzfestigkeit, die ihresgleichen sucht.
Wieder anderen auf den Geist gehen bei dieser Spaßbremse Wüchsigkeit, Stockausschlagvermögen und Drängeligkeit durch rege Betriebsamkeit unterirdischer Ausläufer gemeinsam mit vielen Samen pro Baum. Die Meinungen sind also höchst geteilt, und so wird es bleiben.
Die stark giftige Robinie stammt aus den USA (fast nur östlich vom Mississippi) und wurde bei uns ab 1800 gezielt forstlich auf vor allem sandigen und trockenen Böden gepflanzt, um an Böschungen den Boden zu halten, als Straßenbegleitbaum, als Park- und Zierbaum. Wie schon erwähnt, ist sie jedoch eine wichtige Bienennahrungspflanze und auch ein Bodenaufdüngungsgehölz mittels besonderer Knöllchenbakterien an den

Wurzeln. Inzwischen haben sich besonders in Ostdeutschland und in den Städten, auf und an Bahngelände regelrechte Robinienwälder herauskristallisiert mit einer ganz eigenen Krautschicht.

Zur Krautschicht zählen auf lockerem und lichtreichem Untergrund etliche Pflanzenarten, beispielsweise Gundermann, Kletten-Labkraut, Knoblauchsrauke, Rainkohl, Große Brennnessel, im erwärmten Osten der Wilde Gartenkerbel mit klettenartigen Samen und besonders das Schöllkraut. Der Schöllkraut-Robinienwald als neuer Waldtypus. Mit Schwarzem Holunder in der Strauchschicht alles heimische Draufgänger, von insistierend über renitent zu subversiv und unbeirrt.

Laut alten Quellen in Städten auch auf ehemaligen Trümmergrundstücken nach dem Zweiten Weltkrieg. Dort wurden Robinien zwecks Kaschierung sogar angepflanzt (Berlin!).

Robinien sind schnellwüchsig, vor allem in der Jugend, sie blühen bereits im sechsten Lebensjahr. Ihr Wuchs ist knorrig, die dicke Borke stark gerippt bis wulstig. Langlebige Samen befinden sich in flachen, kahlen, bis 10 Zentimeter langen Hülsen. Ein frühfrostempfindlicher Intensivwurzler, daher nicht in Gebirgslagen oberhalb von 700 Metern zu finden. Mit lang herunterhängenden, weißen Blütentrauben und bis 21 elliptischen Blättern je Fiederblatt.

Ein Totalausfall ist die Robinie jedoch in sumpfigem Gelände, auf den schweren Marschböden um die Nordsee, längs hochwassergefährdeter Flussunterläufe sowie in und vor den Alpen.

Mit P. Robin, einem französischen Gärtner am Königshof, ist die Robinie 1601 nach Paris übergelaufen. Ab 1670 wurde sie in Deutschland kultiviert, erste Verwilderungen gab es ab 1824. Ganz sicher ein Gehölz der Zukunft, dafür geradezu prädestiniert in allen Charakterzügen.

Die Robinie war Baum des Jahres 2020. Sie wird 100 bis 200 Jahre alt. Wurzelt bis 7 Meter tief, mit weitläufigem Wurzelsystem. Das harte und schwere Holz ist Zukunftsholz. Es soll langfristig Tropenhölzer ersetzen und ist in dieser Hinsicht sogar der Stiel-Eiche überlegen. Früher wurde Robinien-Holz bereits als Grubenstützholz und für Holznägel verwendet, heute kommt es im Innenbereich und im Garten- und Landschaftsbau vielfach zum Einsatz.

Junge Blätter können abgekocht als Gemüse gegessen werden, junge Samen wie grüne Bohnen eingelegt und auch geröstet als Kaffeeersatz genutzt werden. Knospen und Blüten kann man wie Kapern zubereiten oder als krampflösenden und vitalisierenden Tee verwenden. Das Laub wird auch von Ziegen gefressen, für Pferde ist es jedoch giftig.

Die Robinie ist keine echte Akazie, daher der Name »Scheinakazie«. Echte Akazien haben mimosenartige Blätter und gelbe Blüten in auffallenden Knäueln, und sie verwildern in Deutschland auch noch nirgends.

Abschließend lässt sich sagen – ein arg boomender Laubbaum, aber doch mit gewissen Tücken.

Foto Seite 191: Oft blüht die robuste Robinie noch, wenn sie schon reichlich Schoten besitzt.

IN DEN ALPEN

DIE GROSSE TELEKIE

Nur nicht zu hoch hinaus

Je näher wir uns nach Süden den Alpen nähern, umso seltener treten Neophyten in Erscheinung. Allenfalls an Flüssen, an Straßen, kleinflächig auf Baustellen, um Liftanlagen und Parkplätzen sieht man in Oberbayern jene Neubürger, die diese Safari hier ausgemacht haben.

Der lange Marsch der Pflanzen-Neubürger endet daher mit nur einem Neophyten, der hier bevorzugt vorkommt. Natürlich sind auch Kanadisches Berufkraut, Strahlenlose Kamille, Kanadische und Riesen-Goldrute, Schmalblättriges Greiskraut kurz vor Garmisch oder Ungarische Rauke bei Grainau zu entdecken. Aber sie gelten hier zumeist eher als unbeständig – vielleicht jedoch nicht das bereits häufig zahlreiche Zottige Franzosenkraut, das ich 2019 in Kreuth oberhalb vom Tegernsee gesehen habe. Ungünstige Bodenverhältnisse, klimatische Gründe und der sehr hohe Waldanteil sind innerhalb und direkt vor den Alpen begrenzende Faktoren für Pflanzen-Neubürger. Denn wer es schon vorher nicht in die Wälder geschafft hat, der gelangt auch nicht so ohne Weiteres auf 1500 oder gar auf 2000 Meter Höhe.

An luftigen Felsen der deutschen Alpen konnte ich im Juli 2020 oberhalb von 1000 Metern mehrfach das aus Steingärten her bekannte Porzellanblümchen *(Saxifraga* x *geum)* entdecken.

Dieser Bastard beschränkt sich verwildernd aber auf noch zu wenige Fundorte und muss deshalb hier unberücksichtigt bleiben.

Im Juli/August beleuchtet die Große Telekie Graben- und Wegränder in sattem Gelb.

Große Telekie

Es ist der 24. Juli 2020, morgens gegen sechs, ich muss mal ... Übernachtet habe ich im tiefsten Oberbayern im Auto einfach am matschigen Straßenrand unterhalb vom Eibsee.
Tags zuvor war ich auf der Zugspitze, Deutschlands höchstem Berg, und bin dann zu Fuß ohne Netz und doppelten Boden spontan als Bremer Fischkopp in kurzen Hosen und besseren Turnschuhen die Zugspitze wieder abgestiegen – ohne Handschuhe und irgendetwas, die Höllentalroute abwärts. Ich fahre doch nicht für 70 Euro mit der Gondel die Zugspitze hinauf, friere mir einen ab und glotze dann in dichtem Nebel auf lausige Hagelkörner und das Schild »Tirol«!
Noch vom Mega-Gewitter am Vorabend klamm aus innen völlig beschlagenen Autoscheiben entwichen, biege ich also noch reichlich verdattert in den erstbesten Wanderweg ein. Und stehe nach kurzem Gehen vor einer Wand! Vor einer goldgelben Wand aus protzigen Großen Telekien (*Telekia speciosa,* lat. *speciosa* = prächtig).
Diese Pflanze ist eine wirklich imposante Wuchtbrumme aus Südost europa, den Karpaten, der Nordtürkei, erneut vom Kaukasus. Zunächst wieder Zierpflanze in vornehmen Gärten und Parks. Alle unweit der Zugspitzbahn um 1,8 Meter hoch, mit zahlreichen, bis 7 Zentimeter

Telekia speciosa
Familie der Asterngewächse *(Asteraceae)*

breiten Blütenköpfen aus jeweils über hundert fast fadendünnen Zungenblüten. Prächtig auch die vielen orangeroten Röhrenblüten im Blütenzentrum, sich am Ende höchst ansehnlich von außen nach innen schokoladenbraun verfärbend. 3 bis 10 Blüten je Sprossende – meine Laune hob sich daraufhin schlagartig. An den Vortagen im Werdenfelser Land immer mal ein paar Einzelpflanzen an Gräben und Wegen gesehen, war das doch schon eine ganz andere Nummer.

Ich beschloss an Ort und Stelle: Die nehme ich als Neophyt mit in das Buch auf. Die vorher schon fast sicher anvisierte Armenische Traubenhyazinthe musste dafür dann doch noch weichen. Die Große Telekie ist fürwahr eine gewichtige Pflanze, ein Kunstwerk, ein Brecher, gewaltig, trotzdem eine Noblesse, ein Querulant, etwas aufdringlich, eben ein Grenzgänger. Denn in Deutschland zählen neben dem Alpenraum die ebenfalls grenznahen Regionen von Erzgebirge und Sächsischer Schweiz zu ihren bevorzugten Niederlassungen. Filialen hat die Telekie aber auch noch in der Mecklenburgischen Schweiz, in Nordrhein-Westfalen und in Ostthüringen. In Niedersachsen dagegen tritt sie noch kaum in Erscheinung, hier wohl zumeist ortsnah gepflanzt.

Die Große Telekie ist anspruchsvoll bezüglich Bodenfeuchte und Nährstoffen.

Ein ausdauernder Aufstreber, bei uns seit 1852 verwildernd, im gerne feuchten, kalk- und nährstoffreichen, am liebsten halbschattigen Milieu. Eine Bienenweide, gerne mit Pestwurz-Arten. Mit bis 40 Zentimeter langen und bis 30 Zentimeter breiten Blättern, die unten herzförmig und gestielt sowie oben spitz-dreieckig am Stängel angewachsen sind.

Allen Telekien gemein ist ein grob und spitz nach oben gesägter Blattrand. Markenzeichen der Pflanze sind am Blütenkopf zudem viele lanzettliche, um 1,5 Zentimeter lange, igelartig abstehende Spreublätter. Im Unterschied zum in der Natur noch selteneren Doppelgänger Echter Alant (*Inula helenium*), wo jene blattartig verbreitert und eng angelegt sind, wird die Große Telekie auch als Schein-Alant bezeichnet. Als eher den Halbschatten bevorzugend in luftfeuchten Lagen, wird sich diese neue Art entgegen vieler hier behandelter Gipfelstürmer bei uns aber wohl eher nicht noch viel weiter ausbreiten. Die fortschreitende Erderwärmung wird nämlich auch manchem Neophyten dann natürliche Grenzen setzen.

Foto Seite 195: Kein Neophyt hat es bisher in die Wuchsregion der höheren Alpen geschafft.

NACHWORT

Nun gut, jetzt waren von den über 100 pflanzlichen Hauptdarstellern doch ein paar notorische Hauklötze dabei, manch gelegentlicher Wegelagerer, Wüterich und herbarer Wüstling. Aber trotz allem, oft unreflektiert und im Ganzen unwissend benutzte Begriffe wie Aggressor, Alien, Aussätzige, Dominator, Geißel und Monster sind fehl am Platz. Sie sind dann mal Störenfried, aber leben müssen wir eh mit ihnen. Das wäre ja nicht auszudenken gewesen, wenn (selbst) Weltenbummler die Kartoffel aus Südamerika nicht mit im Gepäck gehabt hätten! Dafür verschwinden auch viele Pflanzen, das war jedoch schon immer so. Niemand käme auf die Idee, die als Ackerbegleiter bereits tausend Jahre eher eingewanderten Diven Frauenspiegel, Klatsch-Mohn, Kornblume oder Saat-Wucherblume derartig zu verurteilen oder am Ende wutentbrannt zu bekämpfen. Dazu besteht nur äußerst selten Anlass. Wir kleinen Lichter maßen uns an, selbst nur zeitlich begrenzte Gäste dieses Planeten in kurzer Zeit abschließend in gut und böse einzuteilen! Nichts ist in Stein gemeißelt, alles um uns ist hochdynamisch. Eventuell kommen für einige beschriebene Berserker doch noch talentierte Gegenspieler, Konkurrenten. Und was unsere Neulinge alles noch können, können werden – nur wenig ist tatsächlich schon erforscht. Es sind bestimmt echte Hoffnungsträger dabei. Wir sollten unsere eigene Einstellung prüfen – ändern, dringend. Neue Pflanzen, neues Glück! Biomasse und Flächenanteil der Neophyten liegen in Deutschland insgesamt im Promillebereich, viel schädlicher sind ewige Monokulturen aus Fichte, Kiefer, Lärche, Mais und trostlose Gülle-Grasäcker. Schlimm sind eher menschliche, vernichtende Tätigkeiten: permanente Düngung, Entwässerung, Rodung, Wahn des Bauens – und das weltweit. Das bedeutet Artensterben! Typen wie diese Neophyten reagieren nur darauf, es ist mitnichten ihre Schuld. Sie geben nur immer und überall ihr Bestes! Oft blühen gerade Eingebürgerte und Unbeständige noch ab September, ja bis zum Dezember. Besonders nach heißen und trockenen Sommern, dann noch Notnahrung für allerlei Getier. Jeder Gartenbesitzer wird das auch bestätigen. Und die wirklich wenigen besonders ehrgeizigen Neophyten wie etwa Armenische Brombeere, Drüsiges Springkraut und Staudenknöterich-Arten zeigen uns nur eigene Grenzen auf, im 21. Jahrhundert dringend notwendig. Also: Ich persönlich bin diesbezüglich ganz entspannt – seien Sie es doch dann bitte auch!

Foto Seite 196: In einem Heer aus Einjährigem Berufkraut am mittleren Main bei Würzburg

SACHREGISTER

A

Aceraceae 36, **36**
Acoraceae 68, **69**
Ahorngewächse 36, **36**
Algenfarngewächse 71, 72
Amaranthaceae 169, **169**
Apiaceae 25, **25**, **55**, 56, **57**
Archaeophyten 13
Artemisia 16, 37, **37**
Asteraceae 16, 23, **23, 24,** 26, **26,** 37, **37, 38,** 39, 40, **40,** 49, **50,** 52, **53,** 97, **98,** 108, **108,** 116, **116, 119,** 120, 126, **126,** 129, **129,** 142, **143,** 153, **153,** 154, **154,** 155, **155,** 157, **157,** 160, **161,** 193, **193, 194, 195**
Asterngewächse 116, **116**, 155, **155,** 161, **162,** 193, **193, 194, 195**
Atriplex 109, **109,** 110, 177
Azollaceae 71, **72**

B

Balsaminaceae 44, **44**
Balsaminengewächse 44, **44**
Beifüße 16, 37, **37**
Binsengewächse 141, **142**
Bittereschengewächse 152, **152**
Brassicaceae 16, 41, **41,** 51, **51,** 72, **73,** 92, **92,** 110, **110,** 111, **111,** 112, **113,** 121, **121,** 130, **130,** 131, **131,** 138, **138,** 147, **147**
Brennnesselgewächse 82, **82,** 94, **94**
Buchengewächse 188, **188**
Buddlejaceae 125, **125**

C

Caryophyllaceae 140, **141,** 143, **144,** 175, **176**
Chenopodiaceae 6, 88, **89,** 109, **109,** 110, 124, **124,** 134, **134,** 164, **164**
Convolvulaceae 87, **88**
Crassulaceae 60, **61,** 118, **118**
Cucurbitaceae 43, **43**
Cuscutaceae 42, **42**

D

Dickblattgewächse 60, **61,** 118, **118**
Dipsacaceae 114, **115**
Doldenblütler 25, **25, 55,** 56, **57**

E

Ephemerophyten 13
Euphorbiaceae 137, **138,** 172, **172, 173**

F

Fabaceae 32, **33,** 148, **148,** 158, **159,** 189, **189, 191**
Fagaceae 188, **188**
Froschbissgewächse 55, **56**
Fuchsschwanzgewächse 169, **169**

G

Gänsefußgewächse 16, 88, **89,** 109, **109,** 110, 124, **124,** 134, **134,** 164, **164**
Geraniaceae 128, **128**

H

Hülsenfrüchtler 32, **33,** 148, **148,** 158, **159,** 189, **189, 191**
Hyacinthaceae 91, **92**
Hyazinthengewächse 91, **92**
Hydrocharitaceae 55, **56**

I

Iridaceae 76, **76**

J

Juncaceae 141, **142**

K

Kalmusgewächse 68, **68**
Kardengewächse 114, **115**

Kermesbeerengewächse 100, **101**
Kieferngewächse 187, **187**
Knöterichgewächse 47, **47,** 117, **117**
Korbblütler 16, 23, **23, 24,** 26, **26,** 37, **37, 38,** 39, 40, **40,** 49, **50,** 52, **53,** 97, **98,** 108, **108,** 116, **116, 119,** 120, 126, **126,** 129, **129,** 142, **143,** 153, **153,** 154, **154,** 155, **155,** 157, **157,** 160, **161,** 193, **193**
Kreuzblütler 16, 41, **41,** 51, **51,** 72, **73,** 92, **92,** 110, **110,** 111, **111,** 112, **113,** 121, **121,** 130, **130,** 131, **131,** 138, **138,** 147, **147**
Kürbisgewächse 43, **43**

L

Lamiaceae 183, **184**
Leingewächse 80, **80**
Lemnaceae 62, **63**
Liliaceae 79, **79,** 81, **81,** 92, **92,** 180, **180**
Liliengewächse 79, **79,** 81, **81**, 92, **92,** 180, **180**
Linaceae 80, **80**
Lippenblütler 183, **184**

M

Malvaceae 167, **168**
Malvengewächse 167, **168**
Mohngewächse 104, **105**

N

Nachtkerzengewächse 127, **127,** 156, **156,** 162, **163**
Nachtschattengewächse 156, **156,** 170, **171**
Nelkengewächse 140, **141,** 143, **144,** 175, **176**

O

Onagraceae 127, **127,** 162, **163**
Orchidaceae 90, **91**
Orchideengewächse 90, **91**
Oxalidaceae 98, **99**

P

Papaveraceae 104, **105**
Phytolaccaceae 100, **101**
Pinaceae 187, **187**
Plantaginaceae 132, **133**
Poaceae 16, 30, **32,** 77, **77,** 135, **135,** 139, **140,** 169, **170,** 176, **177**
Polygonaceae 47, **47,** 117, **117**
Portulaceae 89, **90,** 145, **145**
Portulakgewächse 89, **90,** 145, **145**
Primelgewächse 149, **149**
Primulaceae 149, **149**

R

Rachenblütler 16, 29, **30,** 46, **46,** 59, **59,** 84, **85,** 103, **103,** 132, **132**
Rosaceae 16, 37, **37,** 64, **64,** 78, **78,** 95, **95,** 181, **181, 182,** 186, **186**
Rosengewächse 16, 37, **37,** 64, **64,** 78, **78,** 95, **95,** 181, **181, 182,** 186, **186**

S

Sauerkleegewächse 98, **99**
Schwertliliengewächse 76, **76**
Scrophulariaceae 16, 29, **30,** 46, **46,** 59, **59,** 84, **85,** 103, **103,** 132, **132**
Seidengewächse 42, **42**
Simaroubaceae 152, **152**
Solanaceae 156, **156,** 170, **171**
Sommerfliedergewächse 125, **125**
Storchschnabelgewächse 128, **128**
Süßgräser 16, 30, **32,** 77, **77,** 135, **135,** 139, **140,** 169, **170,** 176, **177**

U

Urticaceae 82, **82,** 94, **94**

V

Vitaceae 184, **185**

W

Wasserlinsengewächse 62, **63**
Wegerichgewächse 132, **133**
Weingewächse 184, **185**
Windengewächse 87, **88**
Wolfsmilchgewächse 137, **138,** 172, **172**

REGISTER DEUTSCHER PFLANZENNAMEN

A

Amerikanische Roteiche 188, **188**
Argentinischer Nachtschatten 156, **156**
Armenische Brombeere **87**, 95, **95**
Asiatische Kermesbeere 100, **101**
Australischer Gänsefuß 88, **89**

B

Bastard-Hasenglöckchen 91, **92**
Bastard-Staudenknöterich 47, **47**
Behaartes Bruchkraut 140, **141**
Beifußblättrige Ambrosie 108, **108**
Beifußblättriges Traubenkraut 108, **108**
Besen-Radmelde 124, **124**
Bubiköpfchen 82, **82**

C

Chinesischer Götterbaum **8**, 152, **152**
Chinesischer Schmetterlingsstrauch 125, **125**

D

Drüsige Kugeldistel **151**, 153, **153**
Drüsiger Gilbweiderich 149, **149**
Drüsiges Springkraut 44, **44**

E

Einjähriger Beifuß 37, **37**
Einjähriges Berufkraut 154, **154, 196**
Einjähriges Bingelkraut 172, **172**
Einjähriges Silberblatt 92, **92**
Elbe-Spitzklette 52, **53**
Elfen-Krokus 76, **76**
Englisches Schlickgras 31
Eschen-Ahorn 36, **36**
Europäischer Portulak 145, **145**
Europäischer Stechginster 32, **33**

F

Faden-Ehrenpreis 84, **85**
Frühlings-Braunwurz 29, **30**

G

Gefleckte Gauklerblume **4**, **58**, 59, **59**
Gefleckte Zwergwolfsmilch 137, **138**
Gehörnter Sauerklee **97**, 98, **99**
Gelappte Stachelgurke 43, **43**
Gelbe Bartsie 132, **132**
Gelber Lerchensporn **103**, **105**
Gewöhnliche Douglasie 187, **187**
Gewöhnliche Nachtviole 147, **147**
Gewöhnliche Scheinakazie 189, **189**
Gewöhnliche Zaunrebe 184, **185**
Gewöhnlicher Grausenf 130, **130**
Gewöhnlicher Stechginster 32, **33**
Gewöhnliches Hundszahngras 77, **77**
Grannen-Ruchgras 169, **170**
Graukresse **5, 11**, 110, **110**
Große Telekie 193, **193**, **194**, **195**
Großer Algenfarn 71, **72**
Großes Büchsenkraut 46, **46**

H

Herkulesstaude **55**, 56, **57**

I

Indische Scheinerdbeere 78, **78**
Indischer Kalmus 68, **69**

K

Kanadische Goldrute 157, **157**
Kanadische Wasserpest 55, **56**
Kanadisches Berufkraut 161, **162**
Kartoffel-Rose 27, **27**
Klebriger Alant 116, **116**

Kleines Liebesgras 139, **140**
Krähenfußblättrige Laugenblume 23, **24**
Kubaspinat 89, **90**
Kupfer-Felsenbirne 181, **182**
Kurzfrüchtiges Weidenröschen 127, **127**

L

Lauch-Hellerkraut 51, **51**
Loesels Rauke 121, **121**

M

Mähnen-Gerste 176, **177**
Mauer-Zimbelkraut 103, **104**
Meerfenchel 25, **25**

N

Nadelkraut 61, **62**
Neubelgische Aster **38**, 39
Nickender Milchstern 93, **93**
Nordamerikanische Seide 42, **42**
Nordischer Ampfer 117, **117**
Norwegisches Fingerkraut 64, **64**

O

Österreichisches Leinkraut 80, **80**
Orientalisches Zackenschötchen 72, **73**

P

Pennsylvanisches Glaskraut 94, **94**
Pfeilkresse 111, **111**
Purpur-Storchschnabel **123**, 128, **128**

R

Riesen-Bärenklau **55**, 56, **57**
Robinie 189, **191**
Rotkelchige Nachtkerze 162, **163**

S

Salz-Schlickgras 30, **32**
Samtpappel 167, **168**
Sand-Wegerich 132, **133**
Schachbrettblume **75**, 79, **79**
Schlitzblättrige Karde **7**, **107**, 114, **115**
Schlitzblättriger Sonnenhut 49, **50**
Schmalblättriger Doppelsame 112, **113**
Schmalblättriges Greiskraut 120, **121**
Schmalflügeliger Wanzensame 164, **165**
Schöne Winde 87, **88**
Schwarzer Senf 41, **41**
Schwarzfrüchtiger Zweizahn 40, **40**
Schwarzwurzelblättriges Gipskraut 175, **175**
Schweden-Klee 158, **159**
Seltsamer Lauch 180, **180**
Sibirischer Blaustern 81, **81**
Silberblättrige Taubnessel **179**, 183, **184**
Späte Traubenkirsche 186, **186**
Spanischer Mauerpfeffer 118, **118**
Sparrige Flockenblume **6**, 126, **126**
Sparriges Gummikraut 129, **129**
Strahlenlose Kamille 142, **143**

T

Tataren-Lattich 26, **26**
Topinambur 155, **155**
Traubiges Klettengras 135, **135**

U

Übersehenes Knabenkraut 90, **91**
Ungarisches Salzkraut 134, **134**

V

Verschiedensamige Melde 109, **109**
Vielblättrige Lupine 148, **148**
Vierblättriges Nagelkraut 143, **144**
Virginische Kresse 131, **131**

W

Weißer Stechapfel 170, **171**
Wilde Tulpe 82, **83**

Z

Zarte Binse 141, **142**
Zierliche Wasserlinse 62, **63**
Zottiges Franzosenkraut 97, **98**
Zurückgebogener Amarant 169, **169**
Zweiknotiger Krähenfuß 138, **139**

REGISTER LATEINISCHER PFLANZENNAMEN

A
Abutilon theophrasti 167, **168**
Acer negundo *36*, **36**
Acorus calamus 68, **69**
Ailanthus altissima **8**, 152, **152**
Allium paradoxum *180*, **180**
Amaranthus retroflexus 169, **169**
Ambrosia artemisiifolia 108, **108**
Amelanchier lamarckii 181, **182**
Anthoxanthum aristatum 169, **170**
Artemisia annua 37, **37**
Aster novi-belgii **38**, 39
Atriplex micrantha 109, **109**
Azolla filiculoides *71*, **72**

B
Bassia scoparia 124, **124**
Berteroa incana **5**, **11**, *110*, **110**
Bidens frondosa 40, **40**
Brassica nigra 41, **41**
Buddleja davidii 125, **125**
Bunias orientalis 72, **73**

C
Calystegia pulchra 87, **88**
Cardaria draba 111, **111**
Centaurea diffusa **6**, 126, **126**
Chamaesyce maculata 137, **138**
Chenopodium pumilio 88, **89**
Claytonia perfoliata 89, **90**
Conyza canadensis 161, **162**
Corispermum leptopterum 164, **165**
Coronopus didymus 138, **139**
Cotula coronopifolia 23, **24**
Crassula helmsii 61, **62**
Crithmum maritimum 25, **25**
Crocus tommasinianus 76, **76**
Cuscuta campestris 42, **42**
Cymbalaria muralis 103, **104**
Cynodon dactylon 77, **77**

D
Dactylorhiza praetermissa 90, **91**
Datura stramonium 170, **171**
Diplotaxis tenuifolia 112, **113**
Dipsacus laciniatus **7, 107**, 114, **115**
Dittrichia graveolens 116, **116**
Duchesnea indica 78, **78**

E
Echinocystis lobata 43, **43**
Echinops sphaerocephalus **151**, 153, **153**
Elodea canadensis 55, **56**
Epilobium brachycarpum 127, **127**
Eragrostis minor 139, **140**
Erigeron annuus 154, **154**

F
Fritillaria meleagris **75**, 79, **79**

G
Galinsoga ciliata *97*, **98**, **123**
Geranium purpureum 128, **128**
Grindelia squarrosa 129, **129**
Gypsophila scorzonerifolia 175, **175**

H
Helianthus tuberosus 155, **155**
Heracleum mantegazzianum **55**, 56, **57**
Herniaria hirsuta 140, **141**
Hesperis matronalis 147, **147**
Hirschfeldia incana 130, **130**

Hordeum jubatum 176, **177**
Hyacinthoides x *massartiana* 91, **92**

I
Impatiens glandulifera 44, **44**

J
Juncus tenuis 141, **142**

L
Lactuca tatarica 26, **26**
Lamium argentatum **179,** 183, **184**
Lemna minuta 62, **63**
Lepidium virginicum 131, **131**
Lindernia dubia 46, **46**
Linum austriacum 80, **80**
Lunaria annua 92, **92**
Lupinus polyphyllus 148, **148**
Lysimachia punctata 149, **149**

M
Matricaria discoidea 142, **143**
Mercurialis annua 172, **172**
Mimulus guttatus **4**, **58**, *59*, **59**

O
Oenothera glazoviana 162, **163**
Ornithogalum nutans 93, **93**
Oxalis corniculata **97**, 98, **99**

P
Parentucellia viscosa 132, **132**
Parietaria pensylvanica 94, **94**
Parthenocissus inserta 184, **185**
Phytolacca esculenta 100, **101**
Plantago arenaria 132, **133**
Polycarpon tetraphyllum 143, **144**
Portulaca oleracea 145, **145**
Potentilla norvegica 64, **64**
Prunus serotina 186, **186**
Pseudofumaria lutea **103**, **105**
Pseudotsuga menziesii 187, **187**

Q
Quercus rubra 188, **188**

R
Reynoutria x bohemica 47, **47**
Robinia pseudoacacia 189, **191**
Rosa rugosa 27, **27**
Rubus armeniacus **87**, 95, **95**
Rudbeckia laciniata 49, **50**
Rumex longifolius 117, **117**

S
Salsola ruthenica 134, **134**
Scilla siberica 81, **81**
Scrophularia vernalis 29, **30**
Sedum hispanicum 118, **118**
Senecio inaequidens 120, **121**
Sisymbrium loeselii 121, **121**
Soleirolia soleirolii 82, **82**
Solanum physalifolium 156, **156**
Solidago canadensis 157, **157**
Spartina anglica 30, **32**

T
Telekia speciosa 193, **193**, **194**, **195**
Thlaspi alliaceum 51, **51**
Tragus racemosus 135, **135**
Trifolium hybridum 158, **159**
Tulipa sylvestris 82, **83**

U
Ulex europaeus 32, **33**

V
Veronica filiformis 84, **85**

X
Xanthium albinum 52, **53**

LITERATUR

Benkert, Dieter/Fukarek, Franz/Korsch, Heiko: **Verbreitungsatlas der Farn- und Blütenpflanzen Ostdeutschlands.** Verlag Gustav Fischer, Jena

Brandes, Dietmar: **Flora und Vegetation der Bahnhöfe Mitteleuropas.** Phytocoenologia Band 11, Stuttgart

Brandes, Wilhelm: **Flora der Provinz Hannover.** Hahnsche Buchhandlung, Hannover & Leipzig

Düll, Ruprecht/Kutzelnigg, Herfried: **Taschenlexikon der Pflanzen Deutschlands.** Quelle & Meyer Verlag, Wiebelsheim

Feder, Jürgen: **Feders fabelhafte Pflanzenwelt: Auf Entdeckungstouren mit dem Extrembotaniker.** Rowohlt Verlag, Hamburg

Feder, Jürgen: **Feders fantastische Stadtpflanzen: Neue Entdeckungstouren mit dem Extrembotaniker.** Rowohlt Verlag, Hamburg

Feder, Jürgen: **Feders kleine Kräuterkunde. Das Essen liegt auf der Straße.** Rowohlt Verlag, Hamburg

Feder, Jürgen: **Von Diven, Dränglern und fleißigen Lieschen. Feders Charakterkunde der Pflanzen.** Rowohlt Verlag, Hamburg

Feder, Jürgen: **Der Pflanzenretter.** Gräfe und Unzer Verlag, München

Garve, Eckhard (Hrsg.): **Verbreitungsatlas der Farn- und Blütenpflanzen in Niedersachsen und Bremen.** Niedersächsischer Landesbetrieb für Wasserwirtschaft, Küsten- und Naturschutz, Hannover.

Haeupler, Henning/Jagel, Armin/Schumacher, Wolfgang: **Verbreitungsatlas der Farn- und Blütenpflanzen in Nordrhein-Westfalen.** Landesanstalt für Ökologie, Bodenordnung und Forsten Nordrhein-Westfalen. Recklinghausen

Haeupler, Henning/Muer, Thomas: **Bildatlas der Farn- und Blütenpflanzen Deutschlands.** Verlag Eugen Ulmer, Stuttgart

Haeupler, Henning/Schönfelder, Peter: **Atlas der Farn- und Blütenpflanzen der Bundesrepublik Deutschland.** Verlag Eugen Ulmer, Stuttgart

Haeupler, Henning/Jagel, Armin/Schumacher/Wolfgang: **Verbreitungsatlas der Farn- und Blütenpflanzen in Nordrhein-Westfalen.** Landesanstalt für Ökologie, Recklinghausen

Hofmeister, Heinrich/Garve, Eckhard: **Lebensraum Acker.** Parey Verlag, Berlin

Jäger, Ekkehart (Hrsg.): **Rothmaler – Exkursionsflora von Deutschland.** Springer Spektrum, Heidelberg

Kretzschmar, Horst: **Die Orchideen Deutschlands und angrenzender Länder.** Verlag Quelle & Meyer, Wiebelsheim

Lauber, Konrad/Wagner, Gerhart: **Flora Helvetica.** Paul Haupt Verlag, Bern, Stuttgart, Wien

Lienenbecker, Heinz/Raabe, Uwe: **Die Dorfflora Westfalens.** Ilex-Bücher Natur Band 3, Bielefeld

Lohmann, Michael: **Naturinseln in Stadt und Dorf.** BLV Verlagsgesellschaft, München Wien Zürich

Netzwerk Phytodiversität Deutschlands e.V.: **Verbreitungsatlas der Farn- und Blütenpflanzen Deutschlands.** Bundesamt für Naturschutz, Bonn-Bad Godesberg

Poppendieck, Hans-Helmut: **Hamburger Pflanzenatlas.** Verlag Dölling & Galitz, München & Hamburg

Rothmaler, Werner: **Exkursionsflora von Deutschland – Gefäßpflanzen: Atlasband.** Verlag Gustav Fischer, Jena

Seybold, Siegmund: **Die wissenschaftlichen Namen der Pflanzen und was sie bedeuten.** Verlag Eugen Ulmer, Stuttgart

Storl, Wolf-Dieter: **Wandernde Pflanzen.** AT Verlag, Aarau

Weber, Heinrich Egon: **Flora von Südwest-Niedersachsen und dem benachbarten Westfalen.** Verlag Wenner, Osnabrück

Werner, Florian: **Die Raststätte. Eine Liebeserklärung.** Hanser Verlag, Berlin

BILDNACHWEIS

Alle Fotos in diesem Buch stammen von Jürgen Feder, mit Ausnahme von: Kathrin Königl: Cover (o.li.), 3/4, 5, 7, 8, 11, 12, 15, 16, 17, 18/19, 20, 196, 207; stock.adobe.com: 195.

Syndication: www.seasons.agency

WICHTIGER HINWEIS

Bitte informieren Sie sich gegebenenfalls bei den Behörden Ihres (Bundes-)Landes über die geltenden Vorschriften regional geschützter Pflanzen. Wild wachsende Pflanzen, die nicht unter Naturschutz stehen, dürfen in der Regel genutzt werden. Sammeln Sie jedoch nur einzelne Pflanzen, sodass der Bestand geschont wird. Die Informationen in diesem Buch wurden von Autor und Verlag sorgfältig geprüft. Dennoch kann bei Schäden, die durch die gegebenen Tipps und Hinweise entstehen, keine Haftung übernommen werden.

DER AUTOR

Jürgen Feder ist Diplom-Ingenieur für Landespflege, Flora und Vegetationskunde. Er zählt zu den bekanntesten Experten für Botanik in Deutschland und ist ein gefragter Referent zum Thema Farn- und Blütenpflanzenwelt Nordwestdeutschlands.
Jürgen Feder ist Autor bzw. Co-Autor diverser Bücher, Fachzeitschriften und mehr als 600 Fachartikeln zum Thema Flora. Seit 2008 ist er auch Herausgeber der »Bremer Botanischen Briefe«, einer botanischen Fachzeitschrift, die sich vorwiegend auf den Bereich zwischen Cuxhaven und Freiburg/Elbe im Norden bis Barndorf und Rethem im Süden bezieht. Die Artikel dienen als Motivation, auch die alten Pfade neu zu erkunden sowie neue Pfade einzuschlagen, denn unsere Landschaft ist im ständigen Wandel. Einige Arten nehmen immer mehr ab, andere breiten sich aus bzw. wandern in andere Regionen. Die »Bremer Botanischen Briefe« erscheinen zweimal pro Jahr und sind als Forum für kleinere bis mittelgroße Arbeiten der hiesigen Botaniker-Szene gedacht.

DANK

Zu danken habe ich wieder dem Verlag Gräfe und Unzer sowie meinen bewährten Feder-Führerinnen Nadja Harzdorf-van Wickeren, Anita Zellner und Gabriele Linke-Grün. Und natürlich muss ich an dieser Stelle mal ausdrücklich »meinen« vielen kleinen und großen Natur-Requisiten huldigen, den Zugereisten insbesondere an Bahnlinien, Böschungen, Dämmen, Gräben, Kanälen, Straßen, Wegen und Waldrändern. Dass sie es alle geschafft haben, mir unter die Augen zu treten – gekommen sind, um zu bleiben. Sie sind mir in den letzten 35 Jahren während vieler Fahrten und Gänge sehr ans Herz gewachsen – mal ganz offensichtlich und dann wieder sehr subversiv.

IMPRESSUM

GRÄFE
UND
UNZER

Gräfe und Unzer ist eine eingetragene Marke der GRÄFE UND UNZER VERLAG GmbH, www.gu.de

ISBN 978-3-8338-8029-2
1. Auflage 2022

Projektleitung: Anita Zellner
Lektorat: Gabriele Linke-Grün
Korrektorat: Annette Baldszuhn
Bildredaktion: Petra Ender, Natascha Klebl (Cover)
Umschlaggestaltung: ki 36 Sabine Krohberger Editorial Design, München
Layout und Satz: Ludger Vorfeld, München
Herstellung: Susanne Fuhrmann
Reproduktion: Longo AG, Bozen
Druck und Bindung: Drukarnia Dimograf, Polen

Umwelthinweis:
Nachhaltigkeit ist uns sehr wichtig. Der Rohstoff Papier ist in der Buchproduktion hierfür von entscheidender Bedeutung. Daher ist dieses Buch auf PEFC-zertifiziertem Papier gedruckt. PEFC garantiert, dass ökologische, soziale und ökonomische Aspekte in der Verarbeitungskette unabhängig überwacht werden und lückenlos nachvollziehbar sind.

GRÄFE
UND
UNZER

Ein Unternehmen der
GANSKE VERLAGSGRUPPE